新时代乡村振兴丛书

王继华　罗群胜◎主编

芋高效生产技术

U0791256

南方传媒
广东科技出版社
全国优秀出版社
·广州·

图书在版编目（CIP）数据

芋高效生产技术 / 王继华，罗群胜主编. —广州：广东科技出版社，2025. 2

（新时代乡村振兴丛书）

ISBN 978-7-5359-8251-3

Ⅰ. ①芋…　Ⅱ. ①王…②罗…　Ⅲ. ①芋—蔬菜园艺　Ⅳ. ①S632.3

中国国家版本馆CIP数据核字（2024）第014123号

芋高效生产技术

Yu Gaoxiao Shengchan Jishu

出 版 人：严奉强

责任编辑：尉义明

封面设计：柳国雄

责任校对：李云柯　吴玉婷

责任印制：彭海波

出版发行：广东科技出版社

（广州市环市东路水荫路11号　邮政编码：510075）

销售热线：020-37607413

https://www.gdstp.com.cn

E-mail：gdkjbw@nfcb.com.cn

经　　销：广东新华发行集团股份有限公司

排　　版：创溢文化

印　　刷：广州市东盛彩印有限公司

（广州市增城区新塘镇上邵村第四社企岗厂房A1　邮政编码：510700）

规　　格：889 mm × 1 194 mm　1/32　印张4　字数120千

版　　次：2025年2月第1版

2025年2月第1次印刷

定　　价：26.00元

《芋高效生产技术》
编委会

审　稿：杨少海

主　编：王继华　罗群胜

副主编：王　旭　顾　艳　孙保娟

　　　　蓝国兵　黄巧义　罗文龙

参　编：蔡时可　梅　瑜　朱丹丹

　　　　徐世强　李静宇　华娟香

前 言

Qian Yan

芋是粮蔬兼用作物，富含钙镁等矿质元素，营养价值高。芋的经济产量高、效益好，在我国黄河以南尤其是长江以南地区广泛种植，发展前景广阔。

本书作为“新时代乡村振兴丛书”之一，用规范、通俗、易懂的方式，将相关产业中的创新实用技术、特色栽培模式、经验方法呈现给读者。芋栽培区域广泛、栽培品种多，在长期的生产实践中，形成了各具地方特色的栽培模式。

芋栽培品种类型多，各地栽培方式不同，但不同的品种类型、栽培方式、栽培管理都遵循芋生长的一般规律和管理的基本原则：芋生长进程中器官建成和产量因素形成规律及其诊断指标；高效群体形成过程中分阶段的形态和生理指标及个体与群体协调的调控；各种栽培措施和调节技术的作用原理。对产量和品质影响大而被种植者忽视的一些形态生理指标和栽培调节措施问题，我们进行了实践上的总结、理论上的阐述，以从芋生长、栽培的规律层面加深对芋高效生产技术的掌握。

农业生产讲求因地制宜，相同的品种、相同的模式在不同地方、不同年份需要做出适当调整，即使在同一地区、同一年份在生产投入水平不同时，也需要做出相应的调整，因此本书更多的是介绍方法论而不是单纯的技术措施，如我们会介绍不同栽培模式的种植密度、定植时间、水肥管理和病虫害防治等，也会在芋种植基本规律章节中介绍种植密度、合理叶片大小、数量、寿命的确定依据，各种栽培技术和调节措施效果的诊断指标等。在推广实践中，我们发现不同的生产者技术需求不同，掌握新技术的能力也不同。因此，基于多年的推广实践经验，我们针对常见的技术问题和生产者最迫切的技术需求进行有侧重的阐述。

《芋高效生产技术》一书能顺利编写和出版，得益于国家对芋产业政策的支持。本书共有11章，第一章概述，由杨少海和王继华编写；第二章芋产业发展概况，由孙保娟编写；第三章芋名特优品种，由罗文龙编写；第四章芋器官建成和高效群体结构，由罗群胜编写；第五章芋种苗组培快繁技术，由王继华和蔡时可编写；第六章芋组培苗水栽技术，由朱丹丹和华娟香编写；第七章芋机械化栽培技术，由顾艳编写；第八章芋地方特色品种栽培技术，由罗群胜编写；第九章芋主要病虫害及其防治，由蓝国兵编写；第十章芋贮运和加工，由罗群胜和王继华编写；第十一章芋种植产地环境与安全生产，由王旭编写。全书由王继华和罗群胜统稿，由杨少海审稿。

本书所涉及的芋优新品种和技术研究得到“广东省现代农业产业园项目”和广东省科技厅、财政厅、农业农村厅等部门有关计划资助。限于编者团队的水平，书中难免有错漏或不足之处，敬请同行专家学者和读者批评指正。

编　者

2025年1月

目 录

Mulu

第一章　概　　述

一、芋起源与传播

（一）在世界的起源与传播

关于芋的中心起源已有多项研究。芋作为非洲、亚洲饮食文化中的主食，一般认为南亚、东南亚是最早种植芋的地区。也有学者认为，芋可能起源于南亚的印度、尼泊尔和孟加拉国，通过引种栽培，向东传播至东南亚、东亚和太平洋群岛，向西传播至埃及和东部地中海盆地，再向南、向西传播进入东非和西非，接着进入加勒比海地区和美国。

植物学研究表明，芋可能起源于印度或马来半岛，野生种起源于东南亚各地区，从中心起源地向东传播至东南亚其他地区，接着传播至中国、日本和太平洋群岛（与亚洲中心论不同，但也有学者认为新几内亚岛也许是芋的中心起源地）。

全世界有1 000多个芋品种，排除一些同物异名的类群，约有700个。芋对环境的适应性强，易于间作套种，种植范围广。相对于其他作物，人们对芋的研究一直重视不够。近年来，由于芋加工出口量剧增，且芋种植的经济效益较高，农民对芋生产日渐重视，芋栽培面积扩大，栽培技术提升，栽培方式增多，包括日光温室、塑料大棚、小拱棚、地膜覆盖早熟栽培和普通露地栽培等。种植的芋品种包括野生近缘种、半栽培品种、栽培品种，种质资源丰富，栽培品种包括叶用芋类（水芋类型和旱芋类型）、球茎用芋变种（魁芋类型、多子芋类型、多头芋类型和匍匐茎用芋类型）、花茎用芋类（红芋类型和绿白芋类型）。

（二）在我国的传播

中国栽培芋的历史相当悠久，最早可追溯到战国时期，《管子》《史记》中已有关于芋的记载。秦代卓氏迁蜀，不迁往川北的葭萌，偏偏要去更远的川西临邛，为的就是川西盛产芋，有芋作保障，便可以不用挨饿。

芋具有饱腹感，在秦汉时期，便是四川一带的地域性主食。《齐民要术》有“蜀汉既繁芋，民以为资”的记载，说的就是在汉代成都平原，便有大面积种植水芋的情景，芋的生产在当时已经十分繁盛。

唐代时，西南平原地区普遍种芋，芋正式进入生产的鼎盛时期，“汉女输橦布，巴人讼芋田”描述了唐代川东富有特色的农业生活。成都人称芋为芋儿，“芋儿烧鸡”早在唐代便有了。杜甫在成都写作的诗篇中，有32篇写到鸡，从他种竹养鸡的情形，再结合当时的烹饪手段来看，芋儿烧鸡已经是成都人的家常菜了。

早在五代和两宋时期，福建商帮便与北方沿海地区有贸易往来，并逐渐密切，福建商帮以烟台港为自己的重要贸易基地，甚至在烟台兴建了天后宫，建筑风格与南方的妈祖庙完全一致。因此山东的芋，起初很可能也是由福建人带过去的。

南宋以后，芋便转变为一般蔬菜了。不过，在广大老百姓心中，芋依然有着其他蔬菜所不可比拟的代粮价值，也依然在各个角落替补着主食。

芋的进化史是人类不断驯化野生芋的历程，在魏晋南北朝时期，已经记载有14种可以食用的芋品种，芋的种植经验已经相当成熟了，但实际上仍存在着大量无法分类的野生芋。

芋随着人口迁徙，不断寻找和适应着新土地，逐渐拓展着它的“版图”。广西荔浦芋原由福建人带入，浙江宁波奉化芋艿头由福建、浙江台州传入，江苏靖江香沙芋的栽培时间约始于南宋初期，山东莱阳芋头由南方传入。

起源于热带和亚热带沼泽地区的芋，对温度、土壤和水分都有着较高的要求，芋不耐旱，虽然在长期的栽培过程中，形成了水芋和旱芋两种栽培类型，但无论是水芋还是旱芋，都需要大量水分。芋喜高温高湿的环境，使得其种植区域呈现往南方“一边倒”的趋势，甚至芋的个头，也是从南往北逐渐变小。

中国南方是芋的原产地之一，以台湾地区和珠江流域最多；长江流域的芋仅次于珠江流域；北方芋少，西北、东北几乎没有；山东称得上一枝独秀，以莱阳芋头为代表，质量算得上最优，河水冲积形成的特殊沙质土壤，具有丰富的腐殖质，让挑剔的芋也能扎根北方。母芋独大的魁芋多分布在长江以南，其口感松软粉糯，有浓郁的芋香；以子芋为尊的多子芋则南北均有分布，母芋肉质粗、口感差，部分作种芋或饲料，子芋则软滑可口，富含黏液蛋白，保健价值高；搞平均化的多头芋在广西、台湾地区盛产，但种植难度最大，面积最小，产量也最低。

现在芋的栽培种是通过长期的栽培驯化和选择而来。一种是自然选择，野生芋（图1-1）生长于沼泽滨水地带，长期自然进化形成水芋，随着水的涨落而发生生态变异，形成水旱兼用芋，然后再

图1-1　野生芋

形成旱芋。另一种是人类选择，野生状态芋的球茎及叶柄均不发达，涩味重，有的还有毒性，不能食用。经过人类的长期栽培驯化和系统选育，形成了现在的各种栽培类型，后逐渐引至较高纬度地区种植。因其地上部分冬季经霜枯萎，以地下球茎（俗称芋头）越冬，翌年再用球茎作种栽培。

二、芋特征与特性

（一）植物学特征

湿生草本。块茎通常卵形，常生多数小球茎，均富含淀粉。叶2～3枚或更多。叶柄长于叶片，长20～90厘米，绿色，叶片卵状，长20～50厘米，先端短尖或短渐尖，侧脉4对，斜伸达叶缘，后裂片浑圆，合生长度达1/3～1/2，弯缺较钝，深3～5厘米，基脉相交成30°角，外侧脉2～3条，内侧脉1～2条，不显。花序柄常单生，短于叶柄。佛焰苞长短不一，一般为20厘米左右，管部绿色，长约4厘米，粗2.2厘米，长卵形；檐部披针形或椭圆形，长约17厘米，展开成舟状，边缘内卷，淡黄色至绿白色。肉穗花序长约10厘米，短于佛焰苞：雌花序长圆锥状，长3～3.5厘米，下部粗1.2厘米；中性花序长3～3.3厘米，细圆柱状；雄花序圆柱形，长4～4.5厘米，粗7毫米，顶端骤狭；附属器钻形，长约1厘米，粗不及1毫米。花期2—4月（云南）至8—9月（秦岭）。

（二）生长发育特性

性喜高温湿润，不耐旱，较耐阴，并具有水生植物的特性，水田或旱地均可栽培。根系吸收力弱，整个生长期要求水分充足；对土壤适应性广，以肥沃深厚、保水力强的壤质偏沙土壤为宜；种芋在13～15 ℃时开始发芽，生长适温为20 ℃以上，球茎在短日照条件下形成，发育适温为27～30 ℃。如遇低温干旱则会生长不良，严重影响产量。

三、芋营养与药用价值

芋是一种粮蔬兼用作物，营养和药用价值高，受到热带和亚热带地区人们的广泛喜爱。芋中富含蛋白质、钙、磷、铁、钾、镁、钠、胡萝卜素、维生素C、维生素B族等多种成分。

芋的块茎可作羹菜，也可代粮或制淀粉，自古便被视为重要的粮食补充或救荒作物；叶柄可剥皮煮食或晒干贮用；全株为常用的猪饲料。芋的淀粉含量为9.6%～73.7%，且支链淀粉较多，颗粒较小，为马铃薯淀粉颗粒大小的1/10，其消化率可达98%，尤其适合婴儿和病人食用。芋的淀粉经过物理、化学或酶法处理改性，被广泛应用于食品、造纸和纺织工业领域。芋的块茎中多糖含量约为4.9%，含有多种生物活性，具有抗氧化、降低胆固醇和血糖，以及提高免疫力的作用。芋的蛋白质含量平均值为9.3%，含有多种人体必需的氨基酸。

芋具有一定的药用价值，芋生物碱提取物具有独特的药理作用，味甘、辛，性平，生则有毒，入肠胃经，具有补脾宽肠胃、降压降脂、缓解衰老、增强人体免疫力等作用。

（一）增值加工应用

传统上，芋主要用于烹调各种美味佳肴，例如云南当地将芋和泥鳅一起煮食，不仅味道鲜美，还有驱寒等功效。在印度，芋常被加入咖喱等食品中。如今，对芋深加工产品的研究开发不断推进，创新产品主要包括固体或半固体产品、液体产品，在本书第十章“四、特色加工”中有详细介绍。

（二）加工副产品的利用

早在清代的《札朴》中就记载芋叶柄可作为蔬菜食用，但因为入口有强烈的麻涩口感，所以在加工过程中常被舍弃，造成资源浪费和环境污染。经研究芋泡菜的加工工艺，将芋叶柄通过热烫低盐工艺，采用热烫处理的3倍辣椒盐水处理，发酵40天后最适食用。此外，芋叶柄还被制作成佐餐小菜食用。

芋在我国大多用于蒸食或煮食，这在一定程度上限制了芋产业链的延伸和附加值的提高。以脱水或煮熟的芋为原料可制作芋酥片、芋粥、风味芋丸速冻产品及芋乳酸菌发酵酸奶等产品。将芋膨化为芋糊，用开水或温水调制即可食用，产品有明显芋清香和保健功能，尤其适合对谷物或奶过敏的人食用。将芋与谷物混合加工成的面食制品，易消化且营养价值更高。发展芋深加工，由传统加工生鲜速冻产品向多种形态、不同风味和满足差异化消费者需求等多元化加工发展，是芋加工产业今后发展的重要方向。

第二章　芋产业发展概况

一、世界芋产业情况

芋［*Colocasia esculenta*（L.）Schott］又称山芋、芋禾、青芋、土芝、毛芋、芋艿等，是热带亚热带地区广泛栽培的作物。世界芋产业发展总体表现为：种植区域性广，非洲和亚洲生产量占比大，欧洲和北美洲国家占比较小；芋单产水平与国家发展水平成正比，非洲芋产量增加受面积拉动明显，亚洲芋产量增加主要由于生产种植水平不断提高；芋的品种、栽培方式、采后加工及贸易流通方面都在不断进步，产业化水平在提高。

（一）种植情况

1. 种植面积及分布

芋广泛种植于热带亚热带地区，主要分布在亚洲、非洲、中美洲。芋对环境适应能力强，受气候变化影响小，所以在非洲经济落后国家种植面积占比高。

1961年，世界芋种植面积为75.8万公顷，2022年，世界芋种植总面积达近年来最大，为247.91万公顷。2003—2022年的20年期间，世界芋种植面积呈现先平缓增长（2003—2015年），后大幅增长（2016—2022年）的变化趋势。2016年世界芋种植面积从2015年的178.0万公顷增加到193.7万公顷，增幅达8.8%（图2-1），随后的6年稳定在200万公顷以上。

就区域而言，非洲芋种植面积最大，2022年为227.8万公顷，占世界总面积的91.9%；其次是亚洲，为14.6万公顷，占世界总面积的5.9%；再次为大洋洲，为4.8万公顷，占世界总面积的1.9%；美洲芋种植面积较少，为0.7万公顷，占比仅0.3%。2022年世界芋种植面积排名前五的国家依次为尼日利亚、加纳、喀麦隆、中国和

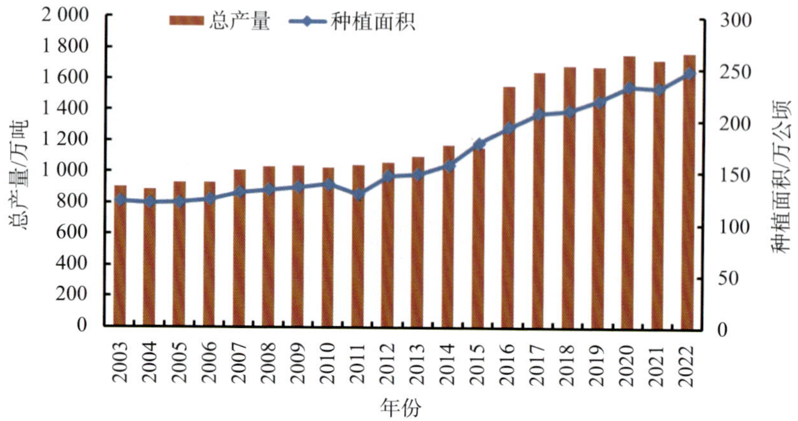

图2-1 2003—2022年世界芋种植面积及总产量

科特迪瓦，分别为146.0万公顷、23.7万公顷、23.2万公顷、9.6万公顷和7.6万公顷，5个国家总种植面积为210.1万公顷，占世界芋种植总面积的84.7%。

2. 总产量和平均单产概况

2003—2022年，世界芋头总产量稳中有升，2020年总产量最高，为1 762.7万吨；就单产而言，世界芋平均单产稳定在500千克/亩（亩为非法定计量单位，1亩＝1/15公顷≈666.67平方米），以2011年最高，为540.4千克/亩；2015年最低，为432.9千克/亩。由图2-2可见，中国是世界芋种植平均单产最高的国家，平均单产可达1 334千克/亩；世界芋面积最大种植国尼日利亚单产最高的年份为2016年，单产为503千克/亩；芋种植面积位列第二和第三的加纳和喀麦隆最高单产分别为502千克/亩和667千克/亩；西非国家科特迪瓦的芋种植面积世界排名第五，每亩产量仅80千克左右。

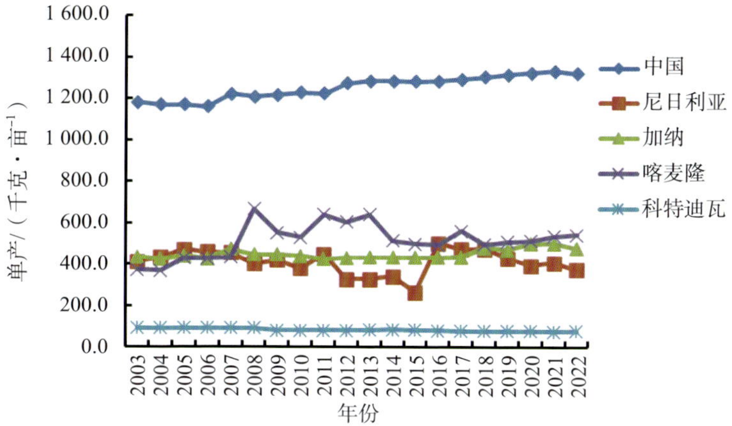

图2-2　世界芋种植面积排名前五的各国芋单产情况

（二）消费利用情况

芋的利用以鲜食和加工为主。在芋种植面积最大的国家尼日利亚，芋是重要的粮食作物之一，也用作饲料和工业原料。在南太平洋岛国，芋是当地居民膳食中碳水化合物的主要来源；在夏威夷，芋是土著居民的主食之一，芋被加工成芋泥，再经发酵后食用，芋被认为是体现民族认同感的重要食物；在萨摩亚，芋被加工成芋粉，调制成婴儿的辅食。在印度，芋受到人们的广泛青睐，常被加入咖喱等食品中，是重要的食材。在巴西，芋被加工成芋泥和玉米粉混合用来制作面包。在菲律宾，芋被油炸加工成类似薯片的芋酥片。在现代商业食品开发方面，芋作为重要的辅料，广泛用于面包、蛋糕、冰淇淋、固体饮料、酸奶等食品中。除主要利用淀粉外，芋还可以用于制醋、酿酒、分离蛋白质、提取生物碱等。芋叶柄是优良的膳食纤维资源，约占芋质量的30%，在中国一些地区被制成腌菜。芋叶粗，蛋白质含量较高，是一种潜在的蛋白质饲料资源。芋秆可用于高温堆肥；芋种植对养殖场沼液具有一定的消纳作用，可用于生态循环养猪的配套种植。

（三）贸易情况

就贸易方面而言，芋贸易量占总产量比重较低，2014—2022年占比介于1.2%～1.7%，世界芋贸易量呈稳定上升趋势（图2-3）；2014年贸易量最低，仅13.8万吨；2021年最高，为28.5万吨。就贸易额而言，2022年达到峰值，为37 090万美元，较2016年最低值20 920万美元增加了77.3%。2014—2016年芋贸易量的下降是由于作为世界芋的主要出口贸易国的中国受到世界贸易保护政策的影响，出口受损，进而导致世界芋贸易异常下降。

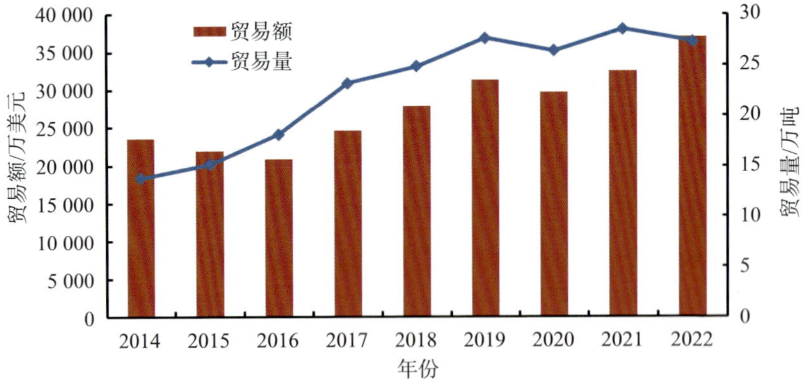

图2-3　2014—2022年世界芋的贸易量和贸易额趋势

世界芋进口贸易市场呈现明显的集中趋势。2014—2022年，世界芋进口贸易始终排名前三的是日本、美国、阿联酋。日本、美国、阿联酋作为世界芋进口主力军，在世界芋进口市场占主导地位，2022年三国芋进口量占比达68%。芋进出口90%以上贸易量产生于亚洲，以中国出口日本为主。

二、中国芋产业情况

（一）产业发展历程

战国时期《管子·轻重甲》篇中就有我国种植芋的记载，可见我国种植芋有2 300多年的驯化栽培历史。中国芋的种植面积和产量呈同步平稳增长的趋势，单产稳居世界第一，这得益于我国芋种植技术水平较高，如采用地膜覆盖，小拱棚、大棚保护地栽培等技术措施。

2022年，我国芋种植面积9.6万公顷，产量194.7万吨。在我国芋以鲜销为主，加工和饲料为辅，不同省市，由于种植品种和种植产业化程度不同，鲜销、加工和饲用比例有所不同。在江西、浙江和四川等地，以红芽芋为代表的多子芋主产区，芋大部分鲜销到其他省市，少部分在产地进行加工；在广西主种的荔浦芋，产品加工和鲜销比例均较高；在山东种植的莱阳8520白芋，主要为加工出口，少部分鲜销。目前用于加工的途径较少，主要为保鲜芋和速冻芋仔等。因产地、上市时间和品种不同，芋价格差异较大。芋价格的变动会影响播种面积发生波动。

（二）种植区域分布

芋喜高温湿润的气候，我国以珠江流域种植最多，长江及淮河流域次之，然后是胶东半岛，其他地区较少。种植的芋类型分为魁芋（槟榔芋、荔浦芋、张溪香芋、江永香芋、奉化芋艿头）、多子芋（红芽芋、香沙芋、莱阳8520白芋）和多头芋（狗爪芋）等。平均单产最高的为槟榔芋，约3 000千克/亩；其次为狗爪芋，约2 500千克/亩。同种芋在不同地域叫法可能不同，如槟榔芋在广西称荔浦芋，在江苏、浙江和广东称香芋。

芋在我国种植历史悠久，形成地域种植的地方品种较多。从申请地理标志保护的芋品种可以反映特定区域芋种植的历史和产品区位优势。

1. 广西

广西芋种植总面积约18万亩，主要分布在广西桂林荔浦市、贺州市等地，北海合浦县也有少量种植。

（1）荔浦芋

名气最大的广西荔浦芋在广西桂林荔浦市进行人工栽培已有400年的历史，2005年12月，“荔浦芋”获批地理标志保护产品；荔浦芋常年种植面积有2万多亩，种植面积最多时发展到5万多亩。

（2）刘圩香芋

广西南宁青秀区刘圩香芋为农产品地理标志产品（2016年），年种植面积8 000亩，产量1.2万吨。

2. 福建

（1）福鼎槟榔芋

福鼎槟榔芋种植范围为福建福鼎市行政区域内17个乡镇（街道、开发区），2011年11月22日农业部（现农业农村部）批准对福鼎槟榔芋实施国家农产品地理标志登记保护。

（2）涂坊槟榔芋

涂坊槟榔芋为福建龙岩长汀县特产，2011年11月22日，农业部批准对涂坊槟榔芋实施国家农产品地理标志登记保护。

（3）石铭芋

石铭芋为福建漳州长泰区岩溪镇特产，2015年7月22日，农业部批准对石铭芋实施国家农产品地理标志登记保护。

3. 广东

（1）张溪香芋

广东韶关乐昌市是超级芋之乡，这里种植有世界最大的超级大香芋，单个芋可重达7千克。张溪香芋产于广东韶关乐昌市，以张溪村所种植的香芋最具代表性，因此而得名，张溪村已有400多年香芋种植历史。2008年10月31日，国家质检总局批准对张溪香芋实施地理标志保护产品登记保护。张溪香芋不仅只在张溪村有，随着名声越来越响，经济效益越来越好，张溪香芋在乐昌市的种植面积达到2万亩左右。

（2）炭步槟榔香芋

炭步槟榔香芋为广东广州花都区炭步镇特产。炭步槟榔香芋个头大，呈橄核形，淀粉含量高，有粉而香的特点，用来做菜，香气四溢。2014年，炭步槟榔香芋入选国家农产品地理标志保护产品目录。炭步槟榔香芋年种植面积1.5万亩，年总产量3万吨。

4. 江苏

江苏常年芋种植面积25万亩，可查证的地理标志证明商标或农产品地理标志产品有8个。

（1）靖江香沙芋

靖江香沙芋号称芋中板栗，为江苏靖江市特产，拥有独特的板栗清香和豆沙口感，2012年5月2日，农业部正式批准对靖江香沙芋实施农产品地理标志登记保护，2019年11月，入选中国农业品牌目录2019农产品区域公用品牌。

（2）海门香芋

海门香芋为农产品地理标志产品（2014年），江苏南通海门区种植香芋历史悠久，自明代起开始种植，又称地栗子、菜用土圞儿。在清代《嘉庆海门厅志》和民国时期《海门县志》中都有详尽记载，目前年种植面积5 500亩，在上海等地蔬菜市场享有盛誉。

（3）万年香沙芋艿

万年香沙芋艿为江苏南通海门区特产，2016年8月16日，农业部正式批准对万年香沙芋艿实施农产品地理标志登记保护。

（4）泰兴香荷芋

泰兴香荷芋为江苏泰州泰兴市特产，2016年8月16日，农业部正式批准对泰兴香荷芋实施农产品地理标志登记保护。

（5）建昌红香芋

建昌红香芋为地理标志证明商标和农产品地理标志产品（2014年），产于江苏常州金坛区境内第一大圩——建昌圩，适宜生产面积7 200亩，年产量达1.05万吨，年产值5 200多万元。

（6）兴化龙香芋

兴化龙香芋为地理标志证明商标产品（2016年），常年种植1万多亩。

（7）新毛芋艿

新毛芋艿为江苏太仓市特产，获得国家地理标志证明商标，是国家地理标志保护产品（2015年）。

（8）海安香芋

海安香芋是江苏海安市地方特色优质芋产品，获得国家地理标志证明商标（2015年）。

5. 浙江

浙江奉化有芋之乡的美誉。奉化芋艿头是浙江宁波奉化区传统的名特优农产品，据《奉化县志》记载，宋代已有种植，至今已有700余年历史，2004年9月14日，国家质检总局批准对奉化芋艿头实施原产地产品保护。奉化芋艿头有水、旱两大类，尤以萧王庙前葛芋艿头最为出名，主栽的红芋艿，其母芋、子芋均可食用，母芋即称芋艿头，个大皮薄，肉粉无渣。

6. 湖南

江永香芋种植的历史已有1 000多年，每年种植面积稳定在5万亩左右。据《江永县志》记载，明、清时期江永香芋已广泛分布于桃川、上洞、粗石江等地，依托当地优越的自然条件，江永香芋已成为湖南省的名优特产，2002年江永县便被中国特产之乡推荐暨宣传活动组织委员会命名为“中国香芋之乡”，2008年取得农产品地理标志登记保护。江永县源口瑶族乡芋种植基地种植面积共1.15万亩，所产芋的特点是个头大。

7. 山东

（1）莱阳芋头

山东胶东半岛地区芋的常年种植面积在20万亩以上，以莱阳芋头质量最优。2010年12月24日，农业部批准对莱阳芋头实施农产品地理标志登记保护。进入21世纪，莱阳芋头的出口量逐年增加，销往日本、新加坡、马来西亚及欧美国家。20世纪90年代，莱阳芋头种植面积最高达14万亩，速冻芋仔年出口量达3万多吨，出口创汇3 000万美元。2010年，莱阳芋头种植面积不足5万亩。

（2）白庙芋头

白庙芋头为山东青岛即墨区特产，白庙芋头种植历史可追溯到600年前，2010年12月24日，农业部批准对白庙芋头实施农产品地理标志登记保护。

（3）沙沟芋头

沙沟芋头为山东临沂罗庄区特产，于2008年荣获国家地理标志证明商标；2019年1月17日，农业农村部批准对沙沟芋头实施国家农产品地理标志登记保护；沙沟芋头至今有400多年的种植历史，曾在清朝乾隆年间，被钦定为御膳贡品。

8. 江西

（1）登龙粉芋

登龙粉芋为江西吉安吉安县特产，2011年12月20日，农业部批准对登龙粉芋实施农产品地理标志登记保护。

（2）铅山红芽芋

铅山红芽芋为江西上饶铅山县特产，2013年4月15日，农业部批准对铅山红芽芋实施农产品地理标志登记保护。

9. 海南

海南芋生产面积约5万亩。儋州香芋于2017年获批地理标志证明商标。由于独特的地理位置、气候条件和土壤特性，儋州香芋个头适中、外形美观，富含粗蛋白、淀粉、多种维生素、较高的钙和无机盐等多种成分，品质好、口感好，受到广泛欢迎。儋州香芋常年生产四季销售，这是一个关键性突破，正是因为常年种植，使得儋州香芋能够拥有稳定的销售渠道，市场规模不断扩大，品牌效应日益彰显。

（三）利用情况

以前人们对于芋加工产品的接受程度不高，主要用于烹制各式菜肴。芋在国内现代商业食品开发方面有相关的研究报道，但市场产品不多，人们对芋加工品的接受度不高。

近年来，在芋深加工领域主要为固体产品，采用了速冻、干制、油炸焙烤、糖渍发酵等工艺，研制出速冻芋丸、芋头粉丝、芋头酥片、芋头脯和芋头酱等加工产品。目前已有学者通过高温酶解等方法克服芋糖化、水解过程中的困难，制成饮料和各类芋头发酵产品，如芋头清汁、浊汁饮料、芋头酒、香芋酸奶和果冻、芋头醋等。

芋浑身是宝，早在清代的《札朴》中就记载其叶柄可作为蔬菜食用。在我国南方地区，芋叶柄被做成泡菜，当作佐餐小菜食用。胡芋叶子可以作为猪饲料。芋的皮渣可以提取生物碱。另外，芋种植需肥量大，可消纳猪场的沼液。

三、广东省芋产业情况

（一）种植情况

2022年，广东省芋种植面积保守估计在5万亩以上，在韶关（乐昌）、梅州、江门（开平）有大面积的种植基地。“好意头，吃芋头”，广东人春节一定吃芋，潮汕地区、珠三角地区在中秋节也有吃芋的风俗。广东的芋品种主要有香芋（槟榔芋）、龙洞早芋、红芽芋、狗爪芋、银芋等。

张溪香芋是乐昌市闻名的土特产，种植历史悠久，清康熙五年（1666年）续修的《乐昌县志》中关于芋种植的记载，乐昌种植芋的历史已超过340年。乐昌全市种植面积2万亩，总产量3万吨。其中，以乐城张溪村生产的芋品质最优。张溪村生产的芋以个大、体长而著名，每个重3～4千克，甚至5千克以上，外形犹如迫击炮弹，在民间有“炮弹芋头”的美称。多年来，张溪香芋旺销香港、澳门、北京、广州等地，2008年被列为国家地理标志保护产品。

广东芋的另一个明星产品，是广州市花都区炭步槟榔香芋，它于2014年入选国家农产品地理标志保护产品目录。20世纪80年代，炭步槟榔香芋已经销往我国香港、澳门，以及新加坡、新西兰、加拿大等地。炭步槟榔香芋因为粉质口感，淀粉含量高，密度小成就了它“落水不沉”的独特之处。

在东莞市高埗镇，民间素来流传这样一句话：“冼沙有鱼丸，保安围有扣肉，江城洲有芋头。”上江城芋头是该镇颇具名气的特色农产品，基本上还没上市就被一订而空。中秋叠肉即芋头扣肉，是以芋头、五花肉、萝卜、小麦面粉为原料制作的一道粤菜，甘香可口、软滑不腻，东莞市高埗镇保安围的芋头扣肉是其中的杰出代表。

阳春市春湾镇的春湾香芋种植历史悠久，春湾镇的土质、气候环境极适宜优质芋的种植生产。春湾镇百金自然村是有名的香芋村，该村芋种植已有300多年历史，精耕细作的技术得到传承和发展，因此，与其他地方出产的芋相比，春湾香芋具有营养丰富、品种纯正、淀粉含量高、香气浓郁、口感松等特点。

揭阳市揭东区玉湖镇东寮村是槟榔芋种植专业村，已有300多年种植史，现已创建2 000亩东寮芋种植基地。东寮芋以肉质结构细密、味美香酥可口而饮誉中外，久负盛名。

陆丰市东海镇的汕尾香芋种植已有几百年历史。芋颈、芋头、芋仔均可作为食材，芋叶可作饲料和包装用品。海丰、陆丰有中秋节吃芋的习惯，俗谚云："河溪对嘴，芋仔食到。"农历八月，正是芋的收获时节，农民都习惯以芋来祭拜祖先。

清远市的袁屋香芋产于朝天镇袁屋管理区。母芋椭圆形，子芋5～8个。以产母芋为主，一般单个重1～1.5千克，大的可达2.5千克，煮熟后芋香浓郁，口感粉绵糯滑。

江门市新会区的围垦芋为江门市名特优新农产品，被列入广东省名特优新农产品目录库。独特的水土和气候环境造就了新会围垦芋质量好、个体肥大、肉质绵软、香而不腻、酥而不烂的特色。

梅州特产以客家文化为特色，炮弹芋首当其冲。平远县东石镇锡水村种植的炮弹芋，通过改变种植方式，增加种植密度，控制芋的重量为1～1.5千克，比较符合家庭消费需求，不会造成浪费。虽然芋变小了，但更合消费者心意，同时芋依然保持了粉、香、糯的良好品质。

（二）主要问题

1. 品种退化、种芋质量难以保障

长期种植单一的芋品种难免导致品种退化或发生变异，芋种质

资源因此受到破坏。

传统的芋繁殖方式是自留种芋进行无性繁殖，不但繁殖系数低，往往还由于种芋带毒，造成种植期间病毒病发生严重，导致产量降低，品质下降。多年种植芋，即便在轮作的情况下，也会造成病虫害发生严重，个别地方在芋种植过程中软腐病发病率达20%。

2. 种植的标准化和机械化水平有待提高

芋生长周期相对较长，田间管理技术水平要求较高，耗时费工。目前，芋生产标准化水平低，多为农户小规模生产，农业服务组织体系较薄弱。在种植、田间管理和收获环节，以人工为主，机械化水平低，从而造成劳动力不足，成本上涨。随着人口老龄化的加剧，以及芋规模化布局和标准化种植的推进，机械化配套亟须跟上。

3. 芋加工和综合利用有待提高

现阶段芋加工环节依然薄弱，加工技术不完善，出口以新鲜产品和生鲜速冻品为主。广东省现有芋产品加工制备方法单一、效率较低，对于生物活性和功能性物质研究利用较少。芋加工企业较少，且规模较小，这严重制约了芋的经济价值体现。

此外，芋采收后剩余的废茎叶数量巨大，虽粗蛋白和粗纤维含量高，但适口性差，一般不宜直接用作动物饲料，大部分茎叶资源堆弃于田间，对农业生态环境造成不利影响，因此田间废弃物资源亟待产业化处理。

（三）解决对策

1. 加强芋资源保护，生产脱毒苗

对芋种质资源进行普查、收集及保存，建立种质资源圃，减少芋种质资源丢失，加强芋的种质资源评价和利用，加强地方品种的提纯复壮。

通过植物组织培养方法快速且大量地获得无毒的芋种苗，为生产提供源头保障，满足生产对芋种苗数量和质量的要求。组培苗的培育，可以解决品种混杂退化和病害发生严重的问题。

2. 提升芋的标准化和机械化种植水平

在深入推进农业供给侧结构性改革，大力发展优质、绿色农产品背景下，提升芋的标准化、机械化、规模化生产水平至关重要。通过“基地+农户+企业”的合作形式，加快提升广东省芋生产种植的组织化水平。为保证品质，合作社严格把关生产管理，统一购买使用农资，杜绝乱用、滥用不合规范的生产资料。同时，定期邀请专家指导社员，提高芋生产的田间管理技术，进一步提升芋的品质。

对生产中危害较大的一些病害，如芋软腐病，加强科研攻关，从土壤处理、栽培方式、科学防治等方面进行研究，为企业的蔬菜高产稳产提供保障，助推产业发展。此外，积极对农户开展品质化栽培技术培训。

引进改造芋生产起垄播种、壅土、收获机械和植保无人机等技术，实现全程机械化作业，起到省工节本的效果。

3. 创新发展芋加工和综合利用方法

芋在广东省大多用于蒸食或煮食，这在一定程度上限制了芋产业链的延伸和附加值的提高。国内外已经研制出芋的发酵、焙烤、糖制、腌制等多种产品，并且对其皮渣和叶柄废弃物的利用也进行了一定程度的挖掘。因此，广东省有必要学习和引进多元化的加工工艺。通过培植壮大具有一定规模的加工企业，助其成长为龙头加工企业，发展芋的深加工，延伸芋产业链，为广东省芋产业的发展赋予新的活力。

第三章　芋名特优品种

一、传统种植品种

中国主要传统种植芋品种见表3-1。

表3-1　中国主要传统种植芋品种

序号	品种	多数分类	产地	淀粉含量/%
1	红秆芋	多子芋	广东湛江	20.99
2	潜山乌脚芋	多子芋	安徽潜山	18.22
3	汪营白禾	多子芋	湖北利川	18.35
4	宣堡芋	多子芋	江苏泰兴	18.63
5	资阳红秆秆芋-1	多子芋	四川资阳	18.65
6	峨眉山白秆红芽芋	多子芋	四川峨眉山	19.10
7	鹰潭红芽芋	多子芋	江西鹰潭	19.51
8	红芽莲花芋	多子芋	安徽黄山	19.59
9	宜良青秆芋	多子芋	云南宜良	19.67
10	仁和镇红芽芋	多子芋	浙江杭州	19.75
11	义乌芋	多子芋	浙江义乌	20.12
12	南宁红芽芋-2	多子芋	广西南宁	20.44
13	黄岩红芽多子芋	多子芋	浙江黄岩	20.91
14	鄱阳旱芋	多子芋	江西鄱阳	21.13
15	普者黑红梗芋	多子芋	云南丘北	22.01
16	狗蹄芋	多头芋	福建漳州	18.40
17	福州红芋	魁子兼用芋	福建福州	18.93
18	长沙雨花水芋	魁子兼用芋	湖南长沙	18.62
19	资阳红秆秆芋-2	魁子兼用芋	四川资阳	19.24
20	昆明芋-3	魁子兼用芋	云南昆明	18.85
21	射洪绿梗芋	绿柄多子芋	四川射洪	—

续表

序号	品种	多数分类	产地	淀粉含量/%
22	五一村芋	绿柄多子芋	安徽当涂	—
23	草堂毛芋	红紫柄多子芋	四川成都	—
24	井冈山野芋	紫柄野芋	江西井冈山	—
25	南桥槟榔芋	魁芋	广东湛江	—
26	梧州芋	乌绿柄多子芋	广西梧州	—
27	大冶芋-4	绿柄多子芋	湖北大冶	—
28	黄岩红芽多子芋	乌绿柄多子芋	浙江黄岩	—
29	婺城红芋	乌绿柄多子芋	浙江婺城	—
30	石桥水芋	绿柄多子芋	四川射洪	—
31	闽南槟榔芋	魁芋	福建武夷山	—
32	棠梨店芋	绿柄多子芋	河南南阳	—
33	广东多子芋	绿柄多子芋	广东广州	—
34	洪塘水芋	魁芋	福建厦门	—
35	黄果树青秆芋	绿柄多子芋	贵州安顺	—
36	龙凤山绿梗野芋	紫柄野芋	江西广昌	—
37	瑞金芋	乌绿柄多子芋	江西瑞金	—
38	东乡白禾芋	绿柄多子芋	江西东乡	—
39	井冈山芋头	乌绿柄多子芋	江西井冈山	—
40	广华多头芋	多头芋	湖北潜江	—
41	杭州芋	绿柄多子芋	浙江杭州	—
42	乌禾芋-2	红紫柄多子芋	广东广州	—
43	南宁红芽芋-4	乌绿柄多子芋	广西南宁	—
44	南宁红芽芋-2	乌绿柄多子芋	广西南宁	—
45	江尾红叶芋	花用芋	云南呈贡	—
46	东宝芋	乌绿柄多子芋	江西临川	—
47	惠安槟榔芋	魁芋	福建惠安	—
48	云南芋	花用芋	云南昆明	—
49	湖州红禾芋	红紫柄多子芋	浙江湖州	—
50	古夫芋	花用芋	湖北兴山	—

续表

序号	品种	多数分类	产地	淀粉含量/%
51	武芋-4	绿柄多子芋	湖北武汉	—
52	黄湾多子芋	绿柄多子芋	湖北潜江	—
53	莱阳芋头	绿柄多子芋	山东莱阳	—
54	峨眉山绿秆芋	绿柄多子芋	四川峨眉山	—
55	小港芋-4	绿柄多子芋	湖北洪湖	—
56	峨眉山白秆红芽芋	乌绿柄多子芋	四川峨眉山	—
57	武芋-3	绿柄多子芋	湖北武汉	—
58	内江水芋	魁芋	四川内江	—
59	湘南京芋	绿柄多子芋	湖南湘潭	—
60	金子坝白梗	绿柄多子芋	湖北恩施	—
61	永川红梗早芋	红紫柄多子芋	重庆永川	—
62	复隆早芋	红紫柄多子芋	重庆大足	—
63	三水野芋	紫柄野芋	广东三水	—
64	简阳芋-4	绿柄多子芋	四川简阳	—
65	湖南白禾芋	绿柄多子芋	湖南长沙	—
66	苏州白禾芋	绿柄多子芋	江苏苏州	—
67	南阳芋	绿柄多子芋	河南南阳	—
68	植物园白禾	绿柄多子芋	云南勐腊	—
69	黄金坝乌禾	红紫柄多子芋	湖北恩施	—
70	屈原野芋	花用芋	湖北秭归	—
71	社坛芋	绿柄多子芋	重庆丰都	—
72	霞山叶用芋	绿柄野芋	广东湛江	—
73	自贡大安红秆芋	红紫柄多子芋	四川自贡	—
74	来凤红梗	红紫柄多子芋	湖北来凤	—
75	邛崃绿芋	绿柄野芋	四川邛崃	—
76	洪山双建芋	绿柄多子芋	湖北武汉	—
77	华城红芽芋	乌绿柄多子芋	浙江宁海	—
78	剑阁乌秆芋	红紫柄多子芋	四川剑阁	—
79	复隆乌绿秆	乌绿柄多子芋	重庆大足	—

续表

序号	品种	多数分类	产地	淀粉含量/%
80	都江堰玉堂红梗芋	红紫柄多子芋	四川都江堰	—
81	南京芋-2	绿柄多子芋	江苏南京	—
82	昆明芋-3	魁子兼用芋	云南昆明	—
83	东乡白禾花	绿柄多子芋	江西东乡	—
84	上湖白禾旱芋	绿柄多子芋	湖北汉川	—
85	资阳红秆秆芋-4	乌绿柄多子芋	四川资阳	—
86	武芋2号	红紫柄多子芋	湖北武汉	—
87	雨林红梗	红紫柄多子芋	云南勐腊	—
88	荔浦芋	魁芋	广西荔浦	—
89	百色槟榔芋	魁芋	广西百色	—
90	福鼎芋	魁芋	福建福鼎	—

二、地方特色品种

（一）江苏地方特色芋主要品种

江苏省南部及沿江地区所种植的芋品种均从南方引进，在长期的种植过程中，当地芋农根据消费者食味习惯和生产条件，进行了长期选留种，形成了各地区特色农家品种。目前江苏省著名的芋农家品种有近20个，其中靖江香沙芋、海门香沙芋、金坛红香芋、泰兴香荷芋、如皋香堂芋、太仓新毛芋、姜堰紫荷芋、如皋乌骨芋、兴化龙香芋、泰州龙头芋、常熟香蕉芋、黄荷子芋、白荷芋、白堂芋等种植历史悠久，种植面积相对较大；靖江香沙芋于2012年实施农产品地理标志登记保护。

按照芋品种一般分类标准，江苏省芋品种都属于旱芋类型，其中靖江香沙芋、海门香沙芋、金坛红香芋、泰兴香荷芋、如皋香堂芋、太仓新毛芋属于乌绿柄多子芋类型；姜堰紫荷芋、如皋乌骨芋属于紫柄多子芋类型；黄荷子芋、白荷芋、白堂芋属于绿柄多子芋类型；兴化龙香芋、泰州龙头芋属于魁芋类型；常熟香蕉芋属于多头芋部分连接副型。

（1）靖江香沙芋

江苏省靖江市特产，农产品地理标志产品。靖江市处于北亚热带季风气候区，气候湿润，雨量充沛，具有明显的海洋性、季风性和过渡性气候特点。全年日照时数平均为2 114.6小时，平均气温为15.3 ℃，15厘米以内土层平均地温为16.7 ℃，平均降水量1 062.2毫米。在靖江香沙芋生长期间，雨量充沛、日照平均、温差大，利于靖江香沙芋特色品质的形成和保持。靖江香沙芋的母芋近圆球形，子芋、孙芋椭圆形至卵圆形，表皮光滑、深褐色，肉质乳白色。靖江香沙芋质地细腻，干香可口，易酥不糊，硬、糯兼备，口感极佳，具有独特的板栗香味。

（2）如皋香堂芋

早生，早中熟，生育期约180天。株高100～120厘米，母芋球形，单重约200克，着生8～12个子芋，子芋长卵形，外皮褐色、芽头紫红色，大小适中，肉白、紧实度适中，品质好，食之香糯可口，口感细腻、滑而不烂、实而不硬。因其在烹饪过程中香气四溢、满堂芬芳而被冠以“香堂”的美誉。

（3）海门香沙芋

早生，早中熟，生育期约180天。株高100～120厘米，叶较长宽，叶柄下部、上部与叶片交接处呈红褐色，母芋高球形，单重约250克，着生子芋8～12个，子芋长椭圆形（似慈姑），基部细长。肉质紧密，子芋香糯，品质佳。较耐湿，不耐旱涝，亩产2 000～2 200千克。

（4）香梗芋

早生，早中熟，生育期约180天。株高100～120厘米，叶较长大，叶柄下部红褐色，中部转绿色，上部与叶片交接处又呈红褐色，母芋高球形，单重约200克，纵径约8.5厘米，横径约7厘米，着生子芋8～11个，子芋长椭圆形。肉质紧密，有香气，子芋品质好。较耐湿，不耐旱涝，亩产1 800～2 000千克。

（5）白梗芋

旱生，早熟，生育期150～160天。株高95～100厘米，分枝4～5个，叶片绿色、较宽，长48～50厘米，宽约43厘米，叶柄长约100厘米，黄绿色至白绿色，母芋近球形，横纵径6～7厘米，单重120～130克，着生子芋10～20个，子芋大小不一，长椭圆形，基部细。肉质松软、品质中等。亩产1 500千克左右。

（6）红梗芋

旱生，中熟，生育期180～200天。株高90～100厘米，分株较多，叶片深绿色，长25～30厘米，宽约26厘米，叶柄长约80厘米，紫红色，母芋高球形，单重约140克，纵径约8厘米、横径约6.5厘米，着生子芋12～16个，子芋长卵形。肉质较紧，子芋品质较好。较耐旱涝，亩产1 500～2 000千克。

（7）建昌红香芋

原为野生芋，是经过长期的自然选择和人工选育而形成的一个优良品种，在江苏常州金坛区建昌镇的种植已有400多年历史，在当地特殊的地理和气候条件下，受环境小气候的影响，逐渐形成集色、香、味于一体的地方名特优产品，因其微露红皮，口味香甜而称为“红香芋”。外形椭圆，外披红色鳞毛，外皮淡褐色，外表轮纹稀疏均匀，顶芽长，顶部呈粉红色。营养价值很高，块茎中的淀粉含量达70%，富含蛋白质、钙、磷、铁、钾、镁、钠、胡萝卜素、烟酸、维生素C、维生素B_1、维生素B_2等人体需要的营养物质。

（8）泰兴香荷芋

子芋卵圆形至长椭圆形，微弯曲，表皮光滑，呈淡褐色，鳞片纤细，呈深褐色，节间短，顶芽充实，粉红色。肉乳白色，质地细密，清香。蒸煮后香气浓郁，表皮完整不易开裂，其鳞片颜色变化小，肉灰白色，细腻滑润、微甜香糯。泰兴香荷芋富含淀粉、蛋白质等营养物质。

（9）兴化龙香芋

江苏泰州兴化市地方品种，株高120～150厘米，叶片深绿色，叶柄绿色，叶柄长，叶片与叶柄相连处有紫晕，母芋近圆球形，肉白色，粉而香，子芋少，椭圆形，肉质黏。耐储运，品质优良，富含蛋白质、淀粉及钙、铁等矿物质，是人们喜食的蔬菜品种之一，产品远销北京、上海等地。

（二）山东地方特色芋主要品种

山东省的芋主产区主要分布在胶东半岛，其中栽培面积较大的有烟台莱阳市、海阳市及青岛等地。芋是莱阳市的传统种植作物，种植面积3 300～4 000公顷，分布区域较广。海阳市芋的常年种植面积约3 300公顷，主要分布在其西北部地区。青岛莱西市、平度市和胶南市的芋种植面积均为1 300～2 000公顷；胶州市芋常年种植面积800公顷左右，主要分布在其西南部；即墨区的芋种植面积370～530公顷。由以上调查数据初步估算，山东胶东半岛地区芋的常年种植面积在13 300公顷以上。

山东省芋主产区的主栽品种有莱阳孤芋、莱阳8520、花芋、科王1号、白庙芋头、虾仔芋、石川早生等。莱阳孤芋是山东烟台莱阳市等地区种植历史较长的传统地方品种，其品质好，营养价值高，产量中等，如在山东烟台海阳市，莱阳孤芋的种植面积约占全市总面积的75%，但因莱阳孤芋的球茎形状不规则，致使该品种在速冻出口加工生产中的损耗率较高。莱阳8520和科王1号均为莱阳农学院（现青岛农业大学）选育的芋品种，除具丰产等特性外，子芋、孙芋个大、形圆，适合出口加工，是目前较受欢迎的栽培品种，但其在生产中的使用年限已达10年。山东青岛即墨区东部丘陵地区种植的白庙芋头被青岛市评为名优农产品，其味佳、黏度大。虾仔芋、石川早生主要是针对日本市场特选的出口芋品种。

莱阳芋头

属多子芋、毛芋，由我国南方传入山东烟台莱阳市，有很久的栽培历史。莱阳芋头亩产3 500～4 000千克，创中国北方地区最高纪录。莱阳气候温和，光照充足，所以特别适宜芋头的生长，加上五龙河流域的土壤中有大量腐殖质，造就了莱阳芋头皮薄、淀粉多、糖分多、品质好的特点。

（三）福建地方特色芋主要品种

六月红芋

福建龙岩永定区农业部门从农家品种白芽芋变异株选育而成，芽胚略显红色，因在6月成熟上市，故有“六月红”的美称。六月红芋全生育期150天左右，总叶片数13～14片，芽苞略显红色，茎紫红色，株形松散，株高中等，母芋大于子芋，圆筒形，单重70克左右，子芋肥大，卵圆形，易与母芋分离，质地黏软，品质优于母芋。一般每株子芋、孙芋10～15个，子芋重35克以上，孙芋重30克左右。其球茎富含淀粉、蛋白质和脂肪，可作蔬菜，或与适量木薯精粉混合加工成可口的芋子包。该品种具有适应性广、抗病性强、产量高、品质优、商品性状好、耐贮运等优点；其地上部肥大的叶片和地下部球茎的须根营养丰富，是牲畜的优质饲料。1996年仙师乡种植面积240公顷，子孙芋平均亩产1 017.5千克，高产户亩产1 500～1 700千克，总产3 663吨，创产值近1 000万元。

（四）广西地方特色芋主要品种

槟榔芋

主产于广西桂林荔浦市、平乐县、恭城瑶族自治县，以及福建南部地区，已有上千年的历史。原为野生芋，后经长期自然选择和人工选育形成了优良品种，在我国常作一年生栽培。其植株高大，高115～130厘米，总叶片数18～21片，全年生育期为190～200天，叶面积大，根少毛，为肉质根，吸收能力弱，不耐旱。槟榔芋在生长期间（尤其是旺盛期和生长期）离不开水，干旱、低温会导致叶片不能充分生长。耐阴能力较强，干旱、高温、强烈日照会引起叶片迅速枯焦。所以槟榔芋在高温多湿的气候条件下及在土层深厚、肥沃疏松、排灌方便、微酸性的沙质土壤中栽培比较适宜。其球茎多椭圆状，外皮粗糙，黄褐色，有暗红色老斑和须毛，剖开后有密布的紫色、暗红色丝状纹斑，似槟榔，故名为槟榔芋。芋肉白色、质松软者为上等品种。其作为一种优质蔬菜，具有营养丰富、清香、松嫩、口感好、种植经济效益高等特点，可熟食、干制或制粉。

荔浦芋是槟榔芋的地方性品种，肉质细腻，具有特殊的风味。各地均有栽种。母芋椭圆形，子芋5～8个。以产母芋为主，一般单个重1～1.5千克，大的可达2.5千克。其营养丰富，含有粗蛋白、淀粉、多种维生素、较多的钙和无机盐等成分，具有补气养肾、健脾胃、强身健体之功效，既是制作饮食点心、佳肴的上乘原料，又是滋补身体的营养佳品。

荔浦芋与南芋、水芋有明显的区别。荔浦芋体形椭圆，像过去妇女们用来织布的纺锤，重0.5～1千克，个别甚至2.5～3千克，芋皮粗糙呈棕色，皮上节与节之间的距离比较短，芋肉上的槟榔花纹明显，香味很浓。南芋则体形较长，近似圆筒形，多数在0.5千克以下，也有1～1.5千克的，表皮虽也呈棕色，但较光滑，皮上节间距离较长，芋肉无明显的槟榔花纹，香味较淡。至于水芋，则头大尾小，多是几两重的小芋，表皮黑棕色，芋肉没有槟榔花纹，也没有香味。

（五）广东地方特色芋主要品种

（1）红秆芋

株高100～140厘米，叶柄红色带紫色。叶片宽卵圆形，长30厘米，宽28厘米，绿色，叶脉红绿色。母芋、子芋均呈短圆锥形，入土很浅，子芋易萌芽，每株有子芋10～20个，个头较小，产量较高，亩产3 500～4 000千克。

（2）黑秆芋（乌秆芋）

株高120厘米左右，叶柄紫黑色。叶片心脏形，长38厘米，宽27厘米，深绿色，叶脉紫红色。母芋、子芋均呈近圆形，入土深，个头稍小，肉质硬，淀粉多，耐贮藏，母芋个头小，味淡，一般亩产3 500千克左右。

（3）东寮芋

东寮芋属于槟榔芋，盛产于广东揭阳揭东区玉湖镇东寮村。东寮地处小北山支脉谷地，其气候、水源、土质均适宜芋的生长。东寮芋呈橄榄形，个大，产量高，肉质松，味香浓，可烹制芋泥、翻炒芋和红烧芋等。因其肉质结构细密、味美香酥可口而饮誉中外，久负盛名。每年中秋前后上市，远销香港、东南亚等地。东寮芋有300多年种植史，现已创建2 000亩东寮芋种植基地。

（六）浙江地方特色芋品种

乌脚鸡芋艿

我国有名的魁芋良种，其芋粉感足，香味浓。但是产量低，生长期200余天，且对土质要求高，种植难度较大，难以进行大面积推广。乌脚鸡芋艿具有生育期短、上市早、效益好等特点，亩产1 163.2千克，比本地品种增产52.7千克，乌脚鸡芋艿叶柄全为乌色，艿子长椭圆形，尾柄较大，根较脆，易拉断，挖掘清理较方便。口感较好，软而粉。

三、芋新品种

（1）泰芋1号

江苏省泰兴市农业科学研究所从泰兴地方品种泰兴香荷芋中经单株选择、株行比较株系鉴定等，通过多年系统选育而成的芋新品种。2015年通过江苏省农作物品种审定委员会审定。2015年泰芋1号参加江苏省芋区域试验，4个试验点平均产量为18 898.2千克/公顷，居第三位，较对照泰兴香荷芋增产15.1%；生产试验平均产量为17 668.5千克/公顷，较对照泰兴香荷芋增产15.6%。该品种出苗较早，苗势较强，中后期长势稳健；生育期中等，平均为201天；营养生长较强，株高平均1.2米，全生育期出叶数16～18片，叶片绿色，茎秆乌绿色，上部近叶片内侧带紫色；耐芋疫病，前期芋疫病发生轻，后期恢复快；单个母芋100克左右，单个子孙芋40克以上，单株结子孙芋数15个左右，子孙芋卵圆形，芋芽红色；芋口感嫩、滑、糯，香味浓，品质好，硬度较高，适宜蒸煮食用。怕湿怕旱，耐瘠能力差，应选择肥沃土壤种植，适当多施肥。

（2）桂子芋1号

中晚熟品种，广西农业科学院生物技术研究所从贺州红芽芋茎尖组织培养产生的变异株，2011年品种比较试验每亩子孙芋总产量1 980.34千克；2012年品种比较试验每亩子孙芋总产量2 146.33千克；2013—2015年，在广西贺州市、桂林市（荔浦市、平乐县）、玉林市、南宁市进行多点区试，3年平均每年亩产1 757.9千克。桂子芋1号芋品种全生育期180～200天，植株直立，高度110～140厘米。叶片互生，叶片阔大，长52～58厘米，宽46～52厘米，卵状心形，一般全生育期共生长16～17片叶，叶片绿色，叶表面有蜡质层，叶柄肉质肥厚，叶柄顶部紫红色至紫色，中下部乌绿色，叶柄基部紫红色。芋芽红色，芋肉白色，球茎表皮为棕褐色，具叶痕环，结上有褐色鳞片毛，细密。母芋长圆形，子孙芋卵圆形至长卵圆形。单株子孙芋数14～24个，其中结子芋10～17个，孙芋4～7个。单个子芋重38～49克，单个孙芋重25～33克，单株子孙芋总重约700克，母芋重约320克，商品芋比例为68.6%。

（3）桂芋2号

从桂芋1号体细胞突变产生的组培变异株中筛选出的优变异单株，通过茎尖组织培养扩繁、多年大田栽培观察、反复优选、组培提纯复壮培育而成。在水田和旱地（有灌溉设施）种植表现优良，水田产量2 500～3 800千克/亩、旱地产量2 200～3 000千克/亩，中芋占产量的80%左右。分析测试及大田试验结果表明，桂芋2号品质优、营养丰富、淀粉含量高、易煮熟、口感细腻，而且香味浓郁、粮蔬兼宜、抗逆性及适应性较强、农艺性状遗传稳定，获得种植户和消费者的认可，并于2014年6月通过广西壮族自治区农作物品种审定委员会审定。桂芋2号为魁芋（染色体数目为$2n=2x=28$），全生育期240～260天，属晚熟品种，植株直立，高度130～170厘米。叶片互生而且阔大，长45～65厘米，宽35～50厘米，盾状心形，叶片呈绿色，叶面中心（与叶柄连接处）有紫红色斑，叶背面淡绿色有微蜡，叶脉呈淡红色，一般全生育期共生长约26片，叶柄肉质肥厚，顶部微紫红色至紫色，中下部绿色，基部边缘淡紫红色。正常情况下桂芋2号很少开花，异常年份开花，花芽在植株基部叶鞘之间分化成花序，一般连续2～4个，花期很短，花淡黄色，雄花高度败育，无法正常授粉结实。根系为肉质根且较发达，主要发育在叶鞘基部即与土壤接触的母芋节痕处，主根系入土后主要分布在25厘米左右的土层内，离地的叶鞘节痕也能长出幼根，但由于被叶鞘包裹无法接触土壤吸收水分及营养而停止发育或枯萎。芋球茎与子芋之间有明显的细长匍匐茎连接，表现为分蘖（子孙芋）远离（10～50厘米）母芋生长的特点；每株有子芋3～8个，孙芋3～6个，子芋头圆尾长如棒槌状，子孙芋产量约占总产量的20%；母芋表皮有灰褐色鳞片和明显的叶鞘节痕，叶鞘节痕的宽度与母芋的纵径呈正相关，芋切面有明显的槟榔紫色花纹。母芋球茎较大，上部略尖下部钝圆如卵形或椭圆形，横径10厘米左右，纵径23～35厘米，单个球茎重1.2～2.5千克，最大可达3.5千克，母芋产量占总产量的80%左右（图3-1）。

图3-1　桂芋2号

（4）鄂芋1号

武汉市蔬菜科学研究所用走马羊红禾为亲本，通过单株选择法选育而成的芋品种。2010年通过湖北省农作物品种审定委员会审（认）定。2004—2009年在武汉等地试验、试种，一般每公顷采收青禾子孙芋18 000千克左右，老熟子孙芋34 500千克左右。属早中熟品种。株高100～130厘米，生长势较强。叶片长50～56厘米、宽39～45厘米，叶柄紫黑色，叶片绿色。子孙芋卵圆形，芋形整齐，鬃毛少。单株母芋1个，子孙芋25个左右，单个子芋重50～70克，单个孙芋重32～42克，单株子孙芋重1.4千克左右，芋芽、芋肉白色。耐旱性一般。

（5）鲁芋头1号

浙江省地方品种黄奋箕辐照得到的新品种，1987年在山东省农业科学院原子能农业应用研究所用^{60}Co-γ射线辐照处理未萌动的种芋，剂量为0.516库仑/千克，剂量率为3.44戈瑞/分钟，辐照后，立即催芽、播种，行距70厘米，株距35厘米，常规管理，M_1代所结子孙芋全部留种，并按株和子孙芋分别编号，种成M_2代。1988年从M_2代中选出了3株优良变异单株，代号为R8501-12-1，R8501-12-2，R8501-12-3，3株单株所结子孙芋全部留种。1989—1990年即M_3代、M_4代进行株系比较试验，并设置两个对照（辐照亲本CK_1和莱阳孤芋CK_2），对植株性状、球茎性状进行详细观察、比较，选育出R8501-12-1和R8501-12-2两个品系，定名为莱辐1号和莱辐2号。1993年5月通过山东省农作物品种审定委员会审定，定名为鲁芋头1号。

鲁芋头1号叶片、叶柄色均较绿，叶柄坚韧，株形紧凑，适于密植，株高90～160厘米。出苗快，生长势强。根系发达，抗旱能力强，高产、稳产，产量构成因素合理，子芋与母芋结合紧密，结芋集中，结芋17～27个，最高可达78个，1992年平均比CK_1和CK_2分别多结11个和14.2个，单株芋重0.7～1.1千克，高产条件下可达3.9千克，子芋椭圆形，个大、整齐度高，皮色较淡，皮毛少，适于加工出口，且加工成品率高。抗病虫、抗逆能力均较强。淀粉含量较高，食之黏滑，食味较好，耐贮藏。适应性广，区域试验所有试点均极显著增产。

（6）龙芋1号

早熟品种，福建龙岩龙津作物品种研究所从福建龙岩新罗区地方早熟芋品种中筛选育成，亩产1 500千克左右。龙芋1号芋头品种从种植到采收需170～190天；株形较紧凑，株高100～115厘米；主茎叶片数18～19片，叶为盾形、互生，叶片绿色，叶边缘紫色，叶柄青绿色，子芋6～9个，孙芋4～6个（图3–2）。经田间病害调查，芋疫病发病率0.1%～3.3%、污斑病发病率0.1%～2.6%。

图3–2　龙芋1号

（7）川魁芋1号

晚熟品种，四川省农业科学院园艺研究所从四川眉山彭山区地方品种红秆芋T0521进行EMS（甲基磺酸乙酯）芽处理获得变异材料，芽增殖继代后，经多代系选获得的新品种。平均亩产2 700千克。川魁芋1号芋品种为魁子兼用型，生育期200天左右。植株生长势强，根系发达，株高100～120厘米，叶色浅绿，叶柄紫红色，叶背脉明显，浅红色，少蜡粉。母芋倒圆锥形，子芋7～12个，芽色洁白、肉色白，纤维少。品质细腻，淀粉含量高，口感松软粉糯，品质好。单株平均产量为1.3千克。

第四章　芋器官建成和高效群体结构

芋高效栽培本质上是调节芋个体器官之间、芋个体之间、芋与外界条件之间的关系，采用各种栽培管理措施促使芋个体发育与群体结构之间形成平衡，进而满足高产高效的要求。

从个体来说，要掌握芋器官建成及产量因素形成的规律，建立各个时期的诊断指标；对群体来说，要确定个体发育和群体生长的最佳平衡点，并建立整个生育期各阶段高效群体的形态指标。在掌握芋个体发育、群体结构建成规律的基础上，提出栽培管理措施和调节技术，在栽培过程中根据个体诊断指标、群体形态指标做出调整。

芋不同栽培品种的生物学特性和生长习性有差异，对栽培管理也有不同的要求；芋种植区域广泛，不同区域或地区在长期的种植过程中也形成各具地域特色的种植模式。但芋不同品种之间的生物学特性和生长习性有共性，在栽培管理技术上也遵循共性的规律和要求。

一、芋器官建成

芋包括根、叶、球茎等器官，在高温干旱情况下会形成花序，但一般不开花和形成种子。

（一）根

1. 根的形态和功能

种芋萌发过程中由球茎茎节部位分化根原基，根原基细胞继续分裂形成肉质根，在土壤条件适宜的情况下，能形成多级分枝根。各级肉质根上着生根毛。根系分布、根毛数量与品种和生长状况有关，植株越高大的品种，根系分布越深广、根毛越多，如魁芋比多子芋根系分布深广、根毛多；同一品种地上部生长越好、叶片大而多，根系越深广、根毛越多、根系活力越强（图4–1）。

芋根起着固定、支持植株，吸收、输导水分和矿质养分，合成、分配氨基酸、生长素和分裂素等物质的作用。肉质根主要起贮藏、输导和支持作用，根毛主要具吸收、合成功能。因此，芋根系的生长状况决定了芋的产量和品质。

图4–1　芋根

2. 根的生长

种芋萌发过程同时形成叶原基和根原基，叶原基和根原基的相对生长状况取决于土壤的温度和湿度，在土壤温度15～28 ℃、土壤相对湿度40%～60%时，温度越高，相对湿度越低，越有利于生根，所以有“热生根、冷长芽”“旱生根、湿长芽”的说法。芋根萌发后在芋形成4片叶前由种芋球茎供应养分，芋苗长成4片叶后，在适宜条件下，新形成球茎下部节位会形成不定根，不定根主要由着生在相同节位上的叶片及邻近叶片供应养分给不定根生长。

芋根质脆，向下生长能力差，以横向生长为主，但在土壤疏松透气条件下，芋根有较强下扎能力，因此应选择富含有机质、质地偏沙土壤种植，促进根系下扎；由于芋根系以横向分布在浅土层为主，种植密度不宜过大，保证根系有足够的生长空间；在生长中后期多次培土，促进球茎茎节萌发不定根，防止芋倒伏和中后期叶片早衰。

芋根的生长呈现周期性，在种芋萌发根芽和叶芽后，在定植后的1个月左右时间，芋根和芋叶同时为生长中心，栽培上以促进生根为重点，称为生根期，由于这时叶片还未形成或已生成但不具备供给养分能力，由种芋中贮藏的养分供给芋根和芋叶生长；4片叶后到芋叶封行前，芋具有自养能力，新生叶片合成的养分主要供给叶片生长，根系生长缓慢；芋叶封行后的球茎期和膨大期，随着球茎的生长，下部节间根系老化，在中下部叶片健康生长的情况下，中部节间会持续发生不定根，根系进入相对快速生长的时期；生长后期，随着叶片的衰退，根系生长也开始衰退，应采取措施尽可能保持根系活力。

3. 根生长的适宜条件和栽培管理措施

“热生根、冷长芽”，芋在温度高（23～28 ℃）时，种芋在顶芽基部先发根，后长芽，而在温度低时则先长芽再发根。根据这种特性，在冷尾暖头，选择数日晴天后土温较高时定植，根芽先萌发，在叶芽萌发、叶片长出前形成较大根系，可获得壮苗，以后发棵较好。“旱长根、湿长芽”，在定植成活长出第一片新叶后到生长4片叶前，要控水蹲苗，土壤相对持水量保持在40%～50%；控制化肥尤其是氮肥的使用，可以结合适量浇水、施用微生物菌肥和速效有机肥，以抑制叶片生长、促进根系生长。

芋根可生成多级肉质根，肉质根上着生根毛，在土壤疏松透气条件下，根长可达1米以上，因此芋应适当疏植，使芋根系有充分的生长空间。随着球茎的生长，节间增加，每个节间都能发生不定根，一般芋根先端和节间新发的不定根活力高，吸收水肥和合成氨基酸、生长激素的能力强，在生长的中后期结合中耕培土，切断老根，促使老根萌发分级根和中部节间发生不定根，防止中后期根系早衰。

芋生长所需的养分前期来自种芋贮藏的养分，后期来自下部叶片的光合产物。由于种芋贮藏的养分除供给根系生长外，还要供给初生叶所需，因此在基肥施用有机肥外，在4片叶前可以施用速效有机肥，如腐殖酸、黄腐酸、氨基酸、氨基寡糖等水溶、速效有机肥。

芋根系生长对磷、锌元素需求量大，在基肥和追肥时注意施用磷肥、锌肥。微生物能够分泌生长激素，刺激根系生长，施用微生物菌肥有利于根系生长，如枯草芽孢杆菌、多粘芽孢杆菌、EM菌等，在整个生育期可以多次淋施萘乙酸、吲哚丁酸等生根剂，尤其在4—6月的发棵期。

4. 根系生长状况的诊断

在定植后的第一个月，根系与叶片同时为生长中心，定植后30～60天叶片为生长中心，定植60天后到球茎膨大期，叶片尤其是中上部叶片光合作用形成的养分主要供给球茎形成和膨大，下部叶片形成的光合产物供给根系生长，因此根系生长状况取决于下部叶片的生长状况，在芋生长后期，叶片衰退，根系生长也开始衰退。

由于根系生长状况无法直接观察，一般通过叶片的生长状况来诊断。

定植后缓苗期，通过水肥等栽培措施调节，使根系生长强于叶片生长，叶片能够缓慢发生新叶，叶片偏小、淡绿色；发棵期叶色深绿、出叶快、叶片逐渐变大，表明根系健康，具有较强水肥吸收能力；球茎形成期和膨大期，水肥需求大，这个阶段能保持5片以上的健康叶片，从上往下数第五片叶开始的下部叶片的光合产物供给根系生长，如果单株有5片以上的叶片，表明根系生长健康，能满足芋的水肥需求，抵御这个阶段常见的高温干旱逆境的能力也强；到球茎成熟期，叶片衰退后，要排水控制根系吸收水肥尤其是氮肥，抑制营养生长，使茎叶中的养分充分回流至球茎。

（二）叶

叶是芋的同化器官，我们评价芋叶的生长状况，主要从叶片大小、厚度、芋总叶片数、芋球茎形成期和膨大期单株叶片数、单株叶面积、单叶叶片寿命等方面进行。

叶片大小、厚度、芋总叶片数、单株叶片数、单株叶面积、单叶叶片寿命首先与品种有关，同一品种在不同的气候土壤条件、不同的栽培管理情况下差异也很大，总叶片数、单叶叶面积、单叶叶片寿命对芋的产量起决定性作用。

图4-2　芋叶

1. 叶的形态、结构和功能

种芋萌发后，包含数个叶原基的顶芽或侧芽依靠种芋球茎中的养分生长，在形成3～4片叶后，芋从异养阶段进入自养阶段。发棵期到封行前，叶片数、叶片面积迅速增加，叶片是生长中心，成熟叶片光合作用合成的养分主要供给新生叶片生长，而很少供给叶片着生的节间生长，节间形成短缩茎。在叶片封行后，成熟叶片合成的养分除供给新生叶片生长外，还供给节间生长，此时进入球茎形成期和膨大期。在芋生长中后期，随着气温的下降，停止发生新叶，老叶逐渐枯萎。定植后30～80天叶面积迅速增长，肥水要求达到高峰期，80～110天为缓慢增长期，110天以后为减弱生长期。80天后应保持最大成熟叶面积，促进块茎快速增长，生产上增施钾、磷肥，适量供给氮肥。

叶为盾形，宽大且肥厚，无茸毛，质地脆弱，具有较长的肉质叶柄，柄具空孔、易断，生长旺期怕风害。叶柄着生在球茎节间，是叶片与球茎之间的输导组织。

由于芋叶是无限生长型，除生长季即将结束停止发生新叶以外，其他时间顶部倒数第一、第二片成熟叶片合成的光合产物主要供给发生新叶生长所需，倒数第三、第四片叶光合产物供给着生节节间膨大所需，倒数第五片叶及以下叶片的养分主要供给根系生长，所以单株叶片数尤其是中后期单株叶片数对保持根系活力非常重要。

2. 叶的生长

芋叶着生在球茎茎节上，每一个叶片对应一个节位。单株总芋叶数由生长季（日平均气温在15 ℃以上）长短决定，在我国大部分种植区，不同品种的总叶片数为15～25片。根据气温高低，每发生一片叶片的时间需要10天左右。单株叶面积先经过面积、速度都增长的阶段，然后进入面积继续增加但增长速度下降的阶段，开始进入球茎形成期和膨大期，叶面积保持稳定，收获前叶面积下降。

单株每一时期叶片数也经历增长–稳定–下降的周期，稳定期单株叶片数除与品种有关外，更重要的因素是种植密度，种植密度引起的差异比品种间的差异大。如我们对槟榔芋的调查：种植株距为30～70厘米，在稳定期单株叶片数基本上是株距每增长10厘米，叶片数增加1片，即30厘米株距单株叶片数为3，40厘米株距单株叶片数为4，以此类推。

由于每发生一片叶片的时间大约在10天，因此稳定期（即球茎形成期和膨大期）的单株叶片数代表了叶片寿命，从定植到封行需要50～60天，封行前的3～4片叶寿命在40～50天，封行后进入单株叶片数稳定期，稳定期单株叶片数为3，表示单个叶片寿命约30天；单株叶片数为4，表示单个叶片寿命为40天左右，以此类推。

芋叶叶片大小除受品种影响外，也与种植密度、栽培管理密切相关，如我们对槟榔芋的调查，叶片大小同样与种植密度对应，即株距为30厘米时，叶片长宽也在30厘米左右；株距为40厘米时，叶片长宽也在40厘米左右，以此类推。

3. 叶生长的适宜条件和栽培管理措施

芋叶片生长温度在15～35 ℃，叶芽或叶片在温度低于15 ℃时会保持休眠状态或停止生长；在夏秋季温度高于35 ℃时，叶片会停止光合作用，在土壤干旱的条件下，会引起叶片灼伤。在夏秋季温度高于30 ℃时，可以在沟中保持深水，有条件的也可以日灌夜排，以降低田间温度，保护叶片正常生长和进行光合作用。芋叶适宜生长温度为25～30 ℃，在这个范围内温度越高，出叶和叶片生长速度越快。

光照条件对芋叶的生长起决定性作用，在光照条件满足时叶片大而厚，在郁闭条件下芋叶会枯黄、早衰，甚至死亡。如前所述，在密度过大时，叶片小、封行后单株叶片数少、叶片寿命短。

芋定植后1个月内，根与叶均为生长中心，生根与长叶均依靠种芋贮藏的养分生长，因此根与叶的生长存在竞争和矛盾的关系，应采取适时定植、控水蹲苗、增施有机肥和微生物菌等措施促进根系生长，相反则抑制叶片生长，更有利于发棵期叶片的生长。在发棵期要增施氮肥或高氮复合肥，以促进出叶、叶片长大和增厚；在封行后进入球茎形成期和膨大期之前，应通过控水控肥、喷施控旺剂控制叶片的生长，促进芋球茎的形成；在进入球茎膨大期后，要加强水肥供应，以满足球茎生长需要，并注意防治病虫害，延长叶片寿命，保证叶片平稳生长；在球茎成熟到采收前，控制水肥，抑制新叶发生，促进养分回流至球茎。

4. 叶片生长状况的诊断

芋单株总叶片数与栽培地区的生长季（日平均气温在15 ℃以上）长短有关，在同一地区通过早植、后期预防叶片早衰等措施，总叶片数也会增加。如前所述，叶片大小、球茎膨大期单株叶片数、单叶叶片寿命与栽培密度密切相关。

定植后缓苗期以根系生长为主，叶色淡绿偏黄，出叶速度较慢为正常；发棵期，叶色浓绿，出叶速度快，促进迅速封行；封行后进入球茎形成期前，叶色转淡绿偏黄；球茎膨大期，叶色青绿、叶片肥厚；球茎成熟期，应适当施氮肥，防止叶片早衰。

（三）球茎

1. 球茎的形态、结构和功能

芋球茎是变态茎，芋球茎上节和节间组成为一个单元。球茎茎节通过叶柄与叶片连接，从叶片气孔进入的空气通过叶柄中的气隙输送到节、节间，进一步输送到根部，叶片中形成的光合产物也通过叶柄输送到球茎或根部；在条件适宜时，下部茎节上的根原基能形成大量不定根，叶芽萌发形成二级（子芋）、三级（孙芋）球茎，子芋和孙芋可作种芋。因此，球茎是芋的连接器官、运输器官、贮藏器官和繁殖器官，也是经济器官。

芋球茎（图4–3）的形态主要表现为节间数、节间的横径和纵茎大小，以及每个节间横径和纵径的变化。芋球茎形态与品种特性有关，芋球茎形态主要由节上着生的叶片的生长状况决定，栽培环境与栽培管理措施通过影响叶片的生长而影响球茎形态。

同一芋品种从低纬度向高纬度地区引种，由于生长季节缩短，总叶片数减少，球茎节间数也会减少。

芋在春季定植后，最先萌发的3～4片叶，由于气温低、光照条件差，叶片寿命虽然长，但叶片面积小，光合能力差，而且光合养分要供给根系和新生叶片生长所需，供给球茎生长的养分少，因此球茎的最初数节为短缩节。定植后2个月左右叶片封行后，球茎横径、纵径增速明显加快，球茎横径大小由叶柄、叶片大小决定，球茎纵茎由叶片寿命决定。当球茎节上着生的叶片生长受到水肥条件影响或者受到病虫害危害，对应的节间及上下节间生长会受到影响，对应的节间及上下节间会变短或缢缩。因此芋球茎的形态与叶片的生长状况密切相关。

球茎是芋的连接器官，叶片、根、芽包括顶芽和侧芽都着生在茎节上，在生长过程中球茎的每个节间着生1片叶，节间同时也着生芽原基和根原基，在条件适宜时根原基会萌发形成不定根，芽原基萌发形成子芋或孙芋。

图4-3　芋球茎

2. 球茎的生长

球茎是芋的贮藏器官，球茎顶芽或侧芽萌发后，在形成3片叶之前叶片由种芋供应有机养分生长，3片叶后叶片光合作用形成的养分除供给新生叶片生长外还供给球茎生长，球茎开始形成。叶片数增加，对应的球茎节数也增加，节间纵径、横径大小与叶片生长和光合作用的强度有关。前期和后期叶片小，光温条件差，节间短缩；中期叶片大，叶片数目多，光温条件好，节间长，横径大。

球茎是芋的繁殖器官，母芋的下部腋芽在养分、水分充足的情况下会形成子芋，子芋会形成孙芋，子芋和孙芋既可以作为收获产品，也可以作为下一年的种芋。

3. 球茎生长的适宜条件和栽培管理措施

球茎的生长与根系、叶片的生长状况都有关系，在整个芋生育期的不同阶段有不同的生长环境要求，并采取不同的栽培管理措施。

芋定植缓苗期，在温度相对高时，种芋在顶芽基部先生根，后长芽，而在温度较低时则先长芽再生根。根据这种特性，在数日晴天后地温较高时定植，发芽前有较大根系，可获得壮苗，以后发棵较好。当气温达到15 ℃左右即可定植。种芋下地后，定植穴内严禁积水。

气温20～25 ℃为叶片最适生长温度，并要求长日照。发棵期叶片迅速生长，叶面积大幅度增加，耗肥水多，特别是氮肥需求量大。生产上应多次逐步从稀到浓增加以氮为主的施肥量。这段时间如气温高，应缩短施肥间隔时间，增加水分供应；如低温阴雨多，应增施磷肥数量，注意做好排水工作。沙质土壤施肥次数应增多，并注意蓄水；黏重土壤可减少施肥次数，并注意排水。为保证叶片正常生长，应注意防止病虫危害，特别是地下害虫为害根系生长。此期是产量的基础，达不到一定叶面积，就没有后期的产量。

气温25～30 ℃为球茎形成和膨大的最适生长温度。6月中下旬，当叶片数6～8片时，新叶抽生减慢。成熟叶面积进行光合作用，制造养分供应母芋大幅度增长，这一阶段是提高产量的关键时期。生产上应增施钾、磷肥，特别是钾肥需大量供给，适量补充氮肥，促进嫩叶成熟，抑制新叶抽生。为保证成熟叶片健康生长，应供给足量的水分与养分，施肥量达最多阶段，需防止病虫为害叶柄、叶片造成植株早衰。

为促进母芋快速生长，应拔除早期萌发的子芋，集中养分供应母芋生长。结芋盛期时间的长短取决于成熟、健康叶片生长时间的长短，是决定产量的一个主要因素，而成熟叶面积大小是决定产量的另一个主要因素，二者缺一不可。在此期间如气温高、干旱，叶片易早衰，应特别注意保持芋田湿润。缺水的芋田应预先搞好畦面干草覆盖，减少土壤水分蒸发，或抽水灌溉。如阴雨时间多，则要注意搞好芋田通风，适当排水，严防病害暴发。

母芋成熟期应减少水分、养分供给。此期叶、根已基本衰败。如果继续灌水、芋田温度过高或继续抽生新叶等，将会造成养分损耗、糖分不能转化，母芋吸水过量而煮不烂等现象，且不耐贮藏。

4. 球茎生长状况的诊断

球茎的生长状况表现为球茎节间数、节间的横径和纵径大小、球茎外形均匀度。球茎形成和膨大所需的养分来源于叶片的光合产物，因此，球茎的生长状况直接取决于叶片的生长状况，相反球茎的生长状况也反映了叶片的生长状况。如前所述，叶柄长，对应的节间横径大，单个叶片叶面积大而厚、寿命长，对应的节间纵径大。

在定植后的苗期，应控制叶片的出叶速度，让养分更多地供给叶片长大、叶柄增粗；在发棵期，除了使叶片数快速增加外，叶面积同时增大、叶柄增粗，是球茎横径大的直观指标；在球茎形成期和膨大期，保持单株叶片数较多、叶面积大、叶柄粗，则对应的球茎节间生长好。

二、高效群体结构和诊断指标

高效群体结构是指芋个体和群体的协调，一般来说，高效群体结构的前提是个体充分发育、种性充分发挥、单株产量高，在这个前提下尽可能提高种植密度，以达到总体的高产，忽视个体充分发育、单株产量尽可能高这个前提，增加密度是无意义的。

（一）高效群体结构

农作物生产是农作物群体的生产，农作物的产量是农作物群体的产量，农作物群体由个体组成，个体能充分发挥出种性、单株产量高，是农作物群体产量的基础，但大多数情况下并不是个体产量越高，群体产量就越高。而农作物群体结构则包括个体（及器官）的数量、空间分布和生长状况，具体到芋指芋的种植株数，株行距，单株的根、茎、叶的生长状况等（图4–4）。

图4-4　芋田间的生长状况

芋的群体结构由株数、株行距、株形、根系分布、球茎形态、叶片形态等因素构成，芋群体结构是否合理，与品种的生长习性、栽培地区气候土壤条件、管理投入水平和市场需求有关，如株形高大、以收获母芋为目标的魁芋，栽培株数少、密度小，株形小，以收获子芋为目标的多子芋、多头芋则株数多、密度大；栽培地区生长季节长（日平均气温15 ℃以上）可疏植，生长季节短，则密植；耕作层深厚、土壤肥沃的，同一品种株形也比较高大，应适当疏植，相反则密植；市场要求的产品规格小，则可密植，相反则疏植。

芋的器官由根、球茎、叶片组成，除了芋根系在生长前期由种芋贮藏的养分供给生长外，根系生长中后期、球茎生长所需养分均来自叶片的光合作用，叶片的生长状况直接决定了根系和球茎的生长状况，所以芋的群体结构最关键的是芋叶面积指数、叶片数、叶片寿命和叶片位置分布。

芋是无限生长型的作物，理论上在气候条件合适的情况下，芋可以不断地生成新叶片，球茎的节间可以同时不断增加，但在我国大部分种植地区，露地生长季节在200天以内，总叶片数在30片以下。芋单个叶片的寿命可以达100天，但在80天以后叶片的光合效率会逐渐下降。如前所述，芋的栽培密度决定叶片的寿命，芋合理的栽培密度应该保证芋在球茎形成期和膨大期，单株叶片数稳定在5～9片，单张叶片的寿命保持在80天左右，这样叶面积指数达到5～9，同时叶片的光合效率也最高。

（二）群体结构指标

1. 芋种植密度和株行距

芋群体结构最重要的是个体数目，也就是芋的栽培密度。芋的栽培密度首先要考虑栽培品种的株高和叶片大小。芋栽培密度决定了封行后进入芋球茎形成期和膨大期的单株叶片数和叶片大小，即叶面积指数。芋的适宜叶面积指数在5～9，相当于在球茎形成期和膨大期单株叶片数为5～9片，而单株叶片数在球茎形成期和膨大期保持在5～9片，也就意味着单个叶片寿命在50～90天，适宜的栽培密度应使芋群体叶面积指数在6～9，单个叶片寿命在50～90天，光合效能是最高的。种植密度过疏，叶面积指数不够，叶片寿命过长，光合效能不高；种植密度过密，叶面积指数能满足，但叶片寿命短，光合效能也不高。

芋栽培密度对芋群体的影响可概括如下：

①球茎形成期和膨大期单株叶片数随着种植密度的增加而减少。株距0.3～0.4米球茎形成期和膨大期单株叶片数为2～3片，株距0.4～0.5米球茎形成期和膨大期单株叶片数为5～6片，株距0.6～0.7米球茎形成期和膨大期单株叶片数为7～9片。

②叶片寿命随着种植密度的增加而减小。芋整个生育期发生20多片叶，球茎形成期和膨大期单株叶片数保持2～3片的，叶片寿命为10～15天；球茎形成期和膨大期单株叶片数保持5～6片的，叶片寿命为40～50天；球茎形成期和膨大期单株叶片数保持7～9片的，叶片寿命为60～80天。

③单个母芋日增重随着种植密度的增加而减小。由于疏植叶片大、叶片寿命长，疏植球茎日增重明显。如槟榔芋疏植单个母芋平均日增重50克，密植单个母芋平均日增重25克。

④不合理密植（株距小于50厘米），植株个体没有充分的生长空间，苗壮的长势好，苗弱的长势差，母芋球茎大小不一，商品率

下降。

2. 芋叶面积指数

芋叶面积取决于栽培密度、单叶叶片大小和单株叶片数，而单叶叶面积大小、单株叶片数与栽培密度密切相关。

确定了栽培密度，在正常肥水管理条件下，芋叶片长宽值约等于株行距中小的值（即行距比株距小，芋叶长度等于行距，株距比行距小，芋叶长度等于株距），也就是说密度确定，叶片大小就基本确定了。

确定了栽培密度，叶片大小基本确定，根域范围也确定。在栽培实践中表现出栽培密度大，单株叶片数小；栽培密度小，单株叶片数多。

也就是说，提高芋的叶面积指数，可以通过增大栽培密度，提高总叶片数来实现；也可以通过减少密度，增加单株叶片数来实现，以后一种方式来提高叶面积指数光合效率明显更高。一般情况下要求单株叶片数5片以上，才能满足叶面积指数要求。

3. 根域

芋的根为肉质根，主根下扎能力弱，根系以横向分布，根据不同品种和生长习性，株行距最小要达到品种最大叶长的80%以上，以满足芋根系横向生长所需空间。

芋生长中后期，芋球茎节间发生不定根，芋不定根的发生与叶片存在$n-3$关系，当第四片叶抽出时，第一节节间发生不定根，当n片叶伸出后，$n-3$节节间发生不定根，每一节位上发生的不定根与同节位着生的叶片由导管、筛管直接连通，所以不定根的生长主要由同一节位着生的叶片及以下叶片供应养分，在芋生长中后期保持5片以上的叶片并进行培土，能促进不定根的发生和生长，延长根系寿命、增强根系中后期的活力。

合理安排栽培密度，在球茎膨大期尽可能每月进行一次培土，可以增大根域，延长根系寿命，增强根系活力。

4. 球茎

球茎是芋的经济器官，魁芋以收获母芋为主，前期应尽可能地采用培土、割子芋等方式抑制子芋发生，减少子芋与母芋争夺养分，后期可保留适量的子芋，以作为下一年的种芋；多子芋、多头芋以收获子芋为主，应尽量深植以使分蘖茎节粗壮延长，子芋分布均匀。

芋球茎无论是母芋还是子芋的节数均与球茎上着生的叶片数相同，而叶片数与生长长短相关，应尽可能提早定植，延长生长季，增加叶片数，也就是增加节数；而球茎的高度、粗度则分别与单个叶片寿命、大小密切相关。球茎的生长情况是叶片生长情况的综合反映。

球茎最下部节间对应生根期、发棵期前几片叶，这个时期生长中心分别是根和叶，因此节间呈短缩状。中部节间应达到2厘米左右，尽可能长，一方面可提高产量，另一方面节间长、叶片间距大，能提高中下部的透光率，延长下部叶片的寿命，有利于球茎下部节间的膨大和防止根系早衰。

三、芋群体结构的调控措施

（一）生长周期

芋的整个生育期为180～220天，分为苗期（2月下旬至3月下旬）、生根期（3月下旬至4月上旬）、发棵期（4月上中旬至6月中下旬）、球茎膨大期（6月中下旬至9月下旬）、母芋成熟期（10月上旬至11月上旬）、种芋成熟期（11月上旬至12月上旬）。

芋从苗期、生根期经过发棵期到6月中下旬长出5～7片叶时（不同栽培规格存在不同差异），开始进入球茎膨大期，到9月下旬膨大期基本完成，历时约110天。

同样的球茎膨大时间，但不同栽培模式的母芋球茎单日平均增重不一样：疏植平均每日增重50克，最终单个球茎重5千克；密植平均每日增重25克，最终单个球茎重2.5千克。造成这种差距的原因除与球茎本身的生长特性有关外，最关键的是叶片，同时也与根系有关。

芋关键的生长时期：定植后至5月初的30～40天长根、5月初至6月中旬的40～60天长叶、6月中下旬至9月底的110天球茎形成和膨大。

（二）器官发育调节

在不同的生长时期根据芋的生长特性和管理目标采用不同的栽培措施，我们可以简单地归纳为4月促根、5月促叶、6—9月促球茎形成和膨大（110天左右）。

1. 促生根

“热生根、冷长芽”，芋根系最适宜生长温度在23～27 ℃，一般气温稳定在15 ℃就可以定植，以晴天地温提高，而气温仍比较低时定植最好。“旱生根、湿长芽”，在定植时土壤的相对湿度以40%～50%最适宜，最忌积水。

促进芋生根需注意：

①疏松、富含有机质的土壤。土壤是否疏松由土壤质地和有机质含量决定。

②根系的生长和生命活动也需要养分，在三叶期之前靠种芋球茎中的养分供给，在三叶期之后逐渐由叶片提供。

③芋每个节位都能发生不定根，培土能够促进形成新的不定根，提高芋的吸收水分、养分能力。

④芋的根系由下部叶片提高养分生长，适当疏植能使下部叶片健康生长，促进根系生长。

⑤腐殖酸、微生物菌剂能促进和刺激根系生长。如黄腐酸、海藻酸、枯草芽孢杆菌、EM菌等。

⑥在整个生育期可以多次淋施萘乙酸、吲哚丁酸等生根剂，尤其在4—6月的发棵期。

2. 促叶

芋的整个生长期形成20片左右的叶片，叶片的光合作用产物是球茎形成的来源，球茎形成与叶片生长情况密切相关。

不同部位的叶片功能不同，下部节位的叶片生产的光合产物主要供给根系生长，上部节位的叶片生产的光合产物主要供给对应节位的球茎膨大。

叶片管理目标：对群体来说，6月中下旬之前应尽快形成足够的叶面积，6月中下旬至9月底尽量保证叶面积的稳定；对单株来说，6月中下旬之前达5～9片叶，每张叶片的长宽达50～70厘米×40～60厘米，叶片厚，叶片寿命25～50天。

促进芋叶片生长需注意：

①4月促根要做好，以保证根深叶茂。

②对叶片生长影响最大的因素是栽培规格，叶片数量、大小、寿命均与株距成正比，株距小于40厘米的，叶片40厘米×30厘米，叶片数3～4片，叶片寿命15～25天；株距40～70厘米的，叶片50厘米×40厘米，叶片数5～6片，叶片寿命25～35天；株距大于70厘米的，叶片70厘米×60厘米，叶片数7～9片，叶片寿命35～55天。所以合理的株行距是管好叶片的前提条件。

③缺乏不同养分对叶片的影响不同。如缺氮叶片小、叶片黄、出叶缓慢；缺钾叶片薄、叶尖、叶缘枯黄；缺镁会引起老叶叶脉间失绿等。

④在达到3片正常大小的叶片时，开始追施化肥，氮对叶片发生最关键，磷、钾能促进叶片增厚。5月根据苗情施2～3次硝酸铵钙或高氮水溶肥。

⑤在密植栽培中，在5～6片叶时喷施多效唑、缩节胺（甲派鎓）、调环酸钙控旺，实际上控旺也可以采用增施磷钾肥、叶面喷施磷酸二氢钾等措施。每亩可喷施多效唑30克，如没有经验或苗不旺，可以分2次喷施，注意喷施部位为心叶。

3. 促球茎膨大

芋球茎靠成熟叶片进行光合作用制造养分积累而成。定植后80～190天（6月中下旬至9月底）是球茎形成的关键时期，平均每天可增重25～50克。成熟叶片功能期越长，母芋对应节位越长，叶片数越多，叶片总面积越大，球茎横径也越大（图4-5）。因此叶片数量、大小质量、寿命是球茎形成膨大的主要影响因素。母芋中、下部腋芽生长成子芋，培土早、厚，子芋少且柄长。母芋旺长，子芋少且弱。生产上早期应排除早出的子芋，以集中养分供给母芋生长。

促进球茎膨大需注意：

①6月底达6～8片叶后，要控旺促使叶片生长转化为球茎生长，也就是这个时期叶片的生长速度下降，养分集中供应给球茎膨大。控旺的方法可以通过增施磷钾肥或叶面喷施磷酸二氢钾加海藻酸。最好的控旺方法是适当疏植。总之这些控旺的措施目的都在于抑制叶片的发生，尽量延长叶片的寿命，让叶片净光合率提高。

②芋的整个生长过程应在发生到20片叶左右时控旺，叶片数差别不大，而对叶片净光合率影响更大的是叶片寿命，因此合理的栽培规格也是球茎膨大的关键因素。

③芋球茎的每个节都能发生不定根，通过培土能使上部节位发生新不定根，促进芋吸收更多的水分和养分，供给叶片生产光合产物，供给球茎膨大。

④钙能促进球茎细胞的细胞壁正常生长，减少芋球茎腐烂。硼能促进叶片中的光合产物转运到球茎。但硼、钙在植物体内转移性差，应注意补钙、硼的方法（钙50千克、硼0.5千克），或每亩施用50千克20%钙镁硼铁锌肥。

图4–5　收获的球茎

第五章　芋种苗组培快繁技术

芋主要依靠子芋进行无性繁殖，但其繁殖系数较低且成本较高。近年来，芋受到软腐病和疫病的严重危害，子芋往往带有病菌，导致生产上病害日益严重，产量和品质严重下降，品种退化。因此，改良繁殖方法以提高种苗的繁殖系数，脱除种芋病毒并促进芋种性恢复，在生产上亟待解决。目前，利用植物细胞全能性，通过组织培养技术可快速大量地获得健康种苗。这种方法不仅生产效率高，还能保持母本的优良特性，减少病虫害和遗传变异等问题，同时结合田间扩繁种技术，可以进一步降低生产成本，大大提高芋的种植效益。

一、组 培 技 术

芋种苗的快速繁育方法包括如下步骤。

①外植体选取与消毒：选取生长健康的芋幼嫩球茎或顶芽作为外植体，并进行消毒处理。

②改良MS培养基制备：在MS培养基中添加抗坏血酸、核黄素和柠檬酸钠，其他组分均无变化，得到改良MS培养基。

③不定芽诱导：将消毒的外植体切割成（0.3～0.4）厘米×（0.3～0.5）厘米的单芽，然后接种于不定芽诱导培养基中，进行诱导培养18～22天，得到不定芽。

④继代增殖：将得到的不定芽切割，接入继代增殖培养基中，进行继代增殖培养20～25天，得到芋丛芽。

⑤无菌生根：将获得的芋丛芽进行切繁，并保持每株均有一个不定芽，接入无菌生根培养基中，进行生根培养15～25天，得到芋幼苗。

⑥组培苗炼苗与假植：芋幼苗生长至根长0.3厘米、苗高5厘米后，将培养瓶瓶盖打开，室内炼苗培养5～7天，然后洗净根部培养基，移入64孔的穴盘或直径为3厘米、高度为8厘米的营养杯中，基

质为泥炭土与园土的混合物。

⑦组培苗移栽与子芋培养：芋幼苗假植到苗高10厘米以上后，进行大田种植，在12月至翌年3月时开始收获子芋，存放在冷凉通风处。

在外植体选取与消毒的步骤中，外植体用中性洗涤剂洗涤球茎，以去除表面的污垢，然后去除多余的叶片，用干净纸巾吸干表面水分；在超净工作台上，将单芽切下，先用65%～70%酒精浸泡10～30秒；再用无菌水冲洗3～5次，每次3～5分钟；立即转入0.1%～0.3%升汞溶液中消毒8～12分钟；最后用无菌水洗涤3～5次，每次3～5分钟，得到消毒外植体。

在改良MS培养基制备的步骤中，抗坏血酸在改良MS培养基中的浓度为3～8毫克/升；核黄素在改良MS培养基中的浓度为0.2～1毫克/升；柠檬酸钠在改良MS培养基中的浓度为0.2～1毫克/升。

在不定芽诱导的步骤中，不定芽诱导培养基的配方为在改良MS培养基上添加6–BA和NAA，6–BA的浓度为0.05～0.2毫克/升，NAA的浓度为0.05～0.5毫克/升。诱导培养的条件如下：温度为26±3 ℃，湿度为50%～80%，光照时间为14小时/天，光照强度为800～1 200勒。

在继代增殖的步骤中，继代增殖培养基的配方为在改良MS培养基的基础上添加6–BA和NAA，6–BA的浓度为0.5～2毫克/升，NAA的浓度为0.05～0.5毫克/升。继代增殖培养的条件如下：温度为（26～28）±3 ℃，湿度为50%～65%，光照时间为14小时/天，光照强度为800～1 200勒。

在无菌生根的步骤中，无菌生根培养基的配方为在改良MS培养基的基础上添加IBA和NAA，IBA的浓度为0.1～1毫克/升，NAA的浓度为0.5～5毫克/升。生根培养条件如下：培养温度为28±3 ℃，湿度为70%～85%，光照时间为14小时/天，光照强度为800～1 200勒。

在组培苗炼苗与假植的步骤中，基质中泥炭土与园土的用量比例为5：1。

在组培苗移栽与子芋培养的步骤中，田间种植密度为2 000～3 000株/亩，每公顷施腐熟有机肥≥7.5吨；培土2～3次；6—9月灌水降温。

二、组培苗快繁技术应用

根据芋的生长特性，利用植物组织培养技术和田间繁育技术进行芋种苗的生产，能够在短期内大量提供芋的组培苗，同时通过田间扩繁，能够生产大量种芋，保障芋产业对种苗的需求。芋组培苗的生产是在MS培养基的基础上进行优化，配制出适合芋不定芽诱导、继代增殖和生根的培养基（图5-1）。芋的组培苗经过驯化、假植，在田间进行种植，收获子芋作为种芋用于生产。降低种苗的生产成本，同时也能促进芋的标准化生产，提高种植者的收入，促进芋产业的发展。

图5-1　种苗组织培养快速繁育技术

第六章　芋组培苗水栽技术

在广东、广西、福建、湖南等槟榔芋的栽培地区，槟榔芋的栽培方式有旱栽、水栽、水旱两段栽培（前期按水栽方式、中后期按旱栽方式）三种方式，这三种栽培方式各有优缺点：旱栽作物的营养物质含量、口感和香味等品质较好，但土传病害、地下害虫、草害较严重，栽培、病虫草害防治投入人工多、劳动强度大，产量不稳定；水栽采用水田耕整方式，不用开沟起垄，直接插植，土传病害、地下害虫、草害很少发生，病虫草防治成本低，人工投入少、劳动强度小，产量高、稳定，但水栽品质相对较差；水旱两段栽培则介于两者之间。选择不同的栽培方式取决于灌溉条件，传统上很多地区为了提高槟榔芋的品质，在有灌溉条件的水田也采用旱栽方式。近年来，随着槟榔芋种植规模的扩大，槟榔芋产业化的发展要求人工投入少、劳动强度小、产量稳定，由于槟榔芋水栽方式具备以上优点，各地采用水栽方式的面积逐年扩大，同时也对以往的水栽方式进行一定的改进，如增施有机肥料、行间开沟、提早排水等。在保持病虫草害发生轻、人工投入少、产量稳定的基础上，品质上水栽方式也基本上能达到与旱栽方式无区别水平。

槟榔芋为无性繁殖作物，以子芋、孙芋作种，长期反复留种、种植造成种性退化、产量下降和病虫害发生严重等问题，种植脱毒组培苗是较有效的解决方式。槟榔芋通过茎尖离体培养脱毒组培苗（一代苗）后，经过扩繁生产二代苗或三代苗，各地的试验报道二代苗植株生长势、抗病性和产量均优于一代苗、三代苗和常规芋种，一代苗产量略低于常规芋种，但抗病性、品质优于常规芋种。我们经过3年采用组培一代苗、二代苗和常规种芋作为种苗的对比试验，与其他地方的报道不同，我们的试验结果表明组培一代苗产量、生长势、抗病性和品质均高于常规种芋，3年的试验表明：组培苗种苗规格一致、无毒无菌，而常规芋种规格难统一、带毒带菌概率大；种植组培一代苗产品规格一致、商品率高，由病虫害引起的球茎腐烂发生率低；组培二代苗或常规芋种以球茎作种，新生的球茎在种球茎上长出，并保留一段种球茎，而组培一代苗直接从幼苗长成球茎，球茎外形完整，商品性状好。

一、地块选择与备耕

1. 地块选择

槟榔芋水栽要求水源充足，方便排灌，地势平坦，富含有机质的壤土或沙壤土，前茬不是芋薯类作物，最好是水旱轮作，如前茬为薯芋类作物或其他旱作的作物，要提前进行土壤处理。

2. 备耕

在冬季上茬作物收获后，每亩施用50～100千克生石灰，灌溉10厘米深水，待自然落干后犁冬晒白。在定植前20天水浆作田，两犁两耙、耙平耙碎，在最后一次耙田前，每亩施商品有机肥1 000千克、微生物有机肥100千克或微生物菌剂1千克、复合肥50千克、硼砂0.5千克、钙镁硼铁锌中微量元素肥25千克作为基肥，田面保持1厘米浅水层。

二、种苗准备和定植

1. 种苗准备

可以在专业槟榔芋组培苗工厂选购袋苗或穴盘苗（图6-1），如选购的是袋苗，须经穴盘培养育成3～4片叶的大苗后定植。一般是生根的组培苗在自然光照和温度条件下炼苗15天后，取出洗掉根部培养基，移栽到土壤与有机质比例为3∶1的营养杯中，置入盖有薄膜和遮阳网的大棚或小拱棚中管理。棚内温度保持在25 ℃左右，相对湿度70%～80%，成活率可达90%。当幼苗长至7～10厘米，有3～4片叶的粗壮植株，即可移栽至大田定植。

图6-1　种苗

2. 种苗消毒

定植前用50%氯溴异氰尿酸2 000倍液或36%春雷·喹啉铜1 500倍液，加37%联苯·噻虫胺3 000倍液浸穴盘30分钟以上。

3. 定植

采用宽窄行定植，宽行82～126厘米，窄行50厘米，株距50厘米，每亩种植1 500～2 000株。插植深度以尽可能插入泥层，且泥不盖过穴盘苗最下1个叶片分叉处为准（图6-2）。

图6-2　定植

三、田间管理

1. 水浆管理

定植前排干田面积水，田面无水层插植。插植后灌3厘米浅水（寸水）护苗，3～5天后待第一片新叶抽出后，结合施肥开沟排水、喷施除草剂、晒田蹲苗，通过改善土壤透气性、提高地温来促进根系生长，晒田至土壤表面出现轻微裂纹，然后沟中灌浅水保持7天，如此干湿管理1～2次，直到第三片新叶抽出展平为止，晒田期间土壤相对持水量保持在40%左右，以控水达到控肥，使叶片保持淡绿，减少叶片生长与根系生长争夺养分。

定植后1个月，第三片叶展平后即将进入叶片旺长期，结合施肥清沟，灌浅水，沟中保持浅水到叶片封行。

6月槟榔芋封行后进入球茎形成期和膨大期，这个时期尤其是7—8月气温高，沟中灌深水以减少高温对叶片光合作用和根系吸收水肥的影响，有灌溉条件的，可日灌夜排，以降低土温和空气温度。

10月后可采用湿润灌溉，收获前1个月要排干田水，以抑制抽生新叶，减少养分消耗，提高槟榔芋的品质和产量。

2. 施肥

槟榔芋幼苗期施肥应以有机肥和微生物菌剂为主，以促进生根；发棵期以氮肥为主，以促进长叶；球茎形成期和膨大期以磷肥和钾肥为主，以促进球茎形成和膨大。

（1）基肥

常规种芋作种前期依靠种芋球茎中的养分萌芽、生根和长叶，而组培苗没有球茎供给养分，虽然在定植前已经形成根系和三四片叶，但根系吸收水肥和叶片供给养分的能力仍较弱，加上定植时产生植伤，因此在整地时要施入充分的有机肥，每亩用商品有机肥1 000千克、过磷酸钙或钙镁磷肥25千克、钙镁硼铁锌中微量元素肥25千克、微生物有机肥100千克或者枯草芽孢杆菌菌剂500克一起施入。在定植后1个月，可追施1～2次黄腐酸钾、海藻酸、氨基酸水溶肥或腐殖酸水溶肥等速效有机肥，以促进根系生长。

（2）追肥

追肥放在两棵芋苗中间。在定植后发生的第三片新叶展平后开始追肥，以氮肥为主，每亩施尿素10～15千克或高氮型复合肥20～25千克。芋田封行后，6—10月，每隔1个月结合培土追施高钾型复合肥10～15千克，以促进球茎膨大。

3. 开沟培土和除草

（1）开沟培土

定植后3～5天第一片新叶伸出、苗长稳后，可开始开沟培土（图6–3），第一次由于苗还小，在宽行中取少量烂泥放到窄行中间，开1条浅沟，注意泥不要盖过幼苗生长点。

以后结合追肥，每次追肥后将沟中烂泥勾上畦面盖在肥料和芋苗四周。

图6–3　开沟培土

（2）除草

第一次开沟后排水至畦面无水层，立即用96%精异丙甲草铵50毫升或33%二甲戊灵乳油200毫升对水喷施，注意尽量不要喷到芋苗。隔1个月到芋苗封行前，视田间杂草情况可再喷施以上药剂1次。

4. 控旺

6月上旬当槟榔芋长出4片大叶、芋苗封行后，用15%多效唑可湿性粉剂200克、10%烯效唑悬浮剂30克或5%的甲哌鎓20克对水喷施。如芋苗旺长不明显，也可减少一半以上用量喷施，间隔7～10天后视芋苗生长情况，再以同样用量补喷1次。

5. 病虫害防治

防治技术见“第九章芋主要病虫害及其防治”。

第七章　芋机械化栽培技术

一、机械化生产流程与设备

农业机械化发展水平是农业现代化的重要标志，也是农业综合生产能力的一个重要体现。目前，我国除了小麦、水稻、玉米等主要农作物耕、种、收机械化水平较高外，其他作物生产的机械化率还比较低。在传统的芋种植模式中除了耕整地外，栽种环节、田间管理、收获等基本上全都采用人工，尤其在种植环节中播种、施肥、拉滴管和铺地膜、覆土和收获均需要大量的人工。目前，芋机械化栽培中已经可以利用机械实现开沟、播种、喷药、施肥、摆管、盖膜、覆土等联合作业功能。通过机械化作业可缩短劳动时间、减轻工作负担、提高农业生产效率。目前芋机械化栽培使用到的机具有深耕机、拖拉机、起垄-播种-覆膜一体化的种芋播种机、割草机、地膜回收机、挖掘机、子芋分离器等，整套作业体系具有省力化、轻捷化全程化的特点。

芋机械化栽培流程见图7-1。

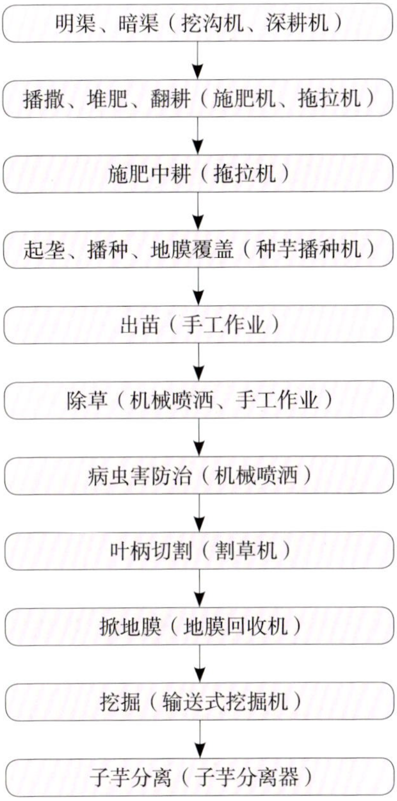

图7-1　芋机械化栽培流程

1. 2CY-2芋播种联合作业机

该机具由农业农村部南京农业机械化研究所优质芋高效种植配套机具课题组研发。作业顺序为播种、起垄、喷除草剂、覆盖黑地膜。作业幅宽2.3米，播种深度10～15厘米，垄高≥15厘米，垄宽70厘米；每垄种植2行芋，行距40厘米，株距30～50厘米；盖膜压边压沟10～15厘米。该机具以30～45千瓦拖拉机为动力源，采用三角悬挂机构、碗式播种方案。机具行驶过程中，地轮带动种箱内排种器旋转，芋种经种管掉入田间实现播种。土壤经开沟器开沟后，芋种埋入垄下，经起垄犁起垄成型，垄高10～15厘米，确保芋播种后覆土厚度达15厘米。除草剂药箱与机具一体，采用喷杆结构，起垄后喷头对播种行垄面喷雾，实现田间除草作业；铺膜滚筒对垄面实现铺黑地膜作业，沟间地轮对沟间膜镇压。

作业模式为在平地开浅沟播种芋（试验所用品种为泰兴香荷芋），后在播种沟上起垄，在垄面上（播种行区域）喷除草剂，再将整个垄覆盖黑地膜，出苗后破膜放苗。优点是农机作业一次完成播种、起垄、喷除草剂、覆盖地膜作业，农机作业完全可以满足起垄覆盖高度要求，后期可以实行免壅根；缺点是芋出苗时间较长，及时放苗难，烫伤率高，达27%。

2. 4UY-80铲掘栅格输送芋收获机

该机具由农业农村部南京农业机械化研究所优质芋高效种植配套机具课题组研发，采用牵引式行走方式，与30～60马力（马力为非法定计量单位，1马力=0.735千瓦）拖拉机三角悬挂，动力经减速箱，带传动系统至栅格输送机构，最终完成芋收获过程中的挖掘、归芋、抖土、翻晒，机具加有送土旋转机构，提高链掘格输送长度。

该机具行驶过程中，深限轮沟间导向，割刀往复、旋转运动对芋茎叶进行切割；土壤经破土防缠装置破土后，芋经杆条升运链输送到机具后边，将芋抛在田间翻晒，再由人工收集、分拣完成整个收获过程。

3. TFP-100M种芋播种机

该机具可同时进行3种作业：起垄、播种、地膜覆盖。播种精确度高，每亩作业时间2.5小时。播种后一旦出苗须将地膜开孔。每亩总共作业时间8.5小时，约为常规作业量的70%。配套拖拉机为15～20马力，垄间距为85～120厘米，播种间距有15厘米、20厘米、25厘米、30厘米、35厘米、40厘米、45厘米7种规格，种芋箱容量为80升，薄膜宽度为96～135厘米。

4. DR-202薄膜回收机

该机具主要用来回收覆膜，配套的拖拉机为13马力以上，作业能力为2.25～4.5亩/小时，配套地膜全部为普通地膜，可顺利回收地膜，作业精度高，每亩作业时间30分钟，比手工作业时间缩短10%左右。

5. BL-55传送式挖掘机

该机具主要用来收获芋种。作业精度高，无损伤种芋。每亩作业时间1小时45分钟，比手工作业时间缩短10%左右。配套拖拉机为13～16马力，作业宽度为55厘米，作业深度为10厘米，作业速度为1～2千米/小时，作业效率为0.6～1.2亩/小时。

6. 子芋分离器

用子芋分离器顶部突起处，将挖掘到的种芋固定在子芋分离器的顶尖上，取出的子芋毫无损伤。每亩作业时间26小时，是以往手工作业时间的80%左右。

二、机械化高效栽培技术

（一）选用良种

1. 品种选择

根据各个不同产区的气候特点、市场需求和消费习惯，选择适宜当地种植的优质芋品种。

2. 应用复壮种芋

开展种芋提纯复壮，筛选符合当地特色芋品种典型性状特征的健壮植株，选留无病、无斑的健康种芋，集中扩繁形成复壮种芋，推动当地芋生产定期复壮更新。

3. 选种脱毒种芋

选种脱毒种芋是有效切断芋茎腐病等病原传播的首要方法。建议选用优质脱毒种芋，建立地方特色芋品种的脱毒种芋扩繁和供应体系，加快芋主推品种的定期脱毒更新。

（二）播前准备

1. 地块的选择

选择地势较高，土层深厚，土壤肥沃疏松，排灌方便，前茬未种植芋、马铃薯、山药等根茎类作物，且未使用过咪唑乙烟酸、氟磺胺草醚、氯嘧磺隆等除草剂的田块。冬前深耕，耕深30厘米以上，冻垡土壤，并随土壤耕翻施足基肥。

2. 种芋前处理

选择具有典型品种特征、无破损、无病虫害、球茎粗壮饱满、顶芽健全的子芋作种，种芋大小一般以30克左右为宜。为保证芋出苗整齐，可提前晒种催芽，播前晾晒1～2天，选用70%甲基硫菌灵可湿性粉剂或40%咪鲜胺水乳剂500倍液加25%嘧菌酯悬浮液800倍液进行拌种，可有效预防土传病害。种芋晾干后播种。

（三）精细播种

1. 播种适期

气温稳定在10 ℃以上时播种。各产区根据气候特点选择适宜的播种时间，通常在3月中下旬至4月中下旬播种。提倡覆盖生物降解地膜，有条件的生产经营主体可进行膜下水肥一体化喷滴灌种植。

2. 合理密植

根据不同品种合理密植，多子芋每亩种植密度以2 800～3 600株为宜，通常行距65厘米，株距35厘米。魁芋每亩种植密度以2 200～2 800株为宜，通常行距65厘米，株距60厘米。肥沃土壤种植密度适当降低，贫瘠土壤适当增加。

3. 机械播种

播种前深翻土壤，整平地块。采用起垄–播种–覆膜联合作业机械，按照每亩施用45%硫酸钾复合肥（三元素复合肥为$N : P_2O_5 : K_2O = 15 : 15 : 15$，钾肥为硫酸钾，不能为氯化钾，或按该用量的养分折算为其他化学肥料）50千克、960克/升金都尔除草剂80～120毫升、种芋100～120千克和黑色地膜装入机器进行起垄、播种、喷药、覆膜一次性作业，黑地膜覆盖要压实、封紧，防止大风揭膜。对于缺微量元素的地块，每亩还需要施用硼砂1千克、硫酸锌1千克、硫酸镁2千克等微肥作基肥。运用机械播种的效率比传统人工种植方法提高了60倍，芋规模化种植可进行机械化播种，每天可播种2公顷，省时省工省力。

（四）精准管理

1. 破膜放苗

播种后30天左右，芋开始出苗，种芋出芽破土后要及时破膜放苗，破小口并将膜孔用土盖好。放苗要在上午9:00前或者下午3:00后进行。全苗之前需每天查看，及时放苗，减轻烫伤，缺棵处补栽安全苗，保证正常密度。

2. 水分管理

提倡适墒播种，严格控制田间湿度，发棵期和膨大期保持田间湿润，见干见湿，不宜大水漫灌；气温高于35 ℃时，灌水时间宜安排在17:00后至午夜，喷滴灌或沟灌窨水，夜灌晨排；成熟期减少浇水次数，保持土壤干爽；采收前10～20天停止浇水。定期检查疏通田间排灌沟系，遇长期干旱应及时浇水，遇持续降水要及时排水。

3. 壅土除荷

采用起垄覆膜方式种植的芋田不需要壅根培土，对于地膜损坏严重，后期芋塌垄严重的田块，可在铲除边荷后及时用壅根培土机进行根周培土施肥。培土厚度15厘米以上，从6月下旬开始，间隔20～30天铲除一次边荷。

（五）科学施肥

遵循“有机肥为主，有机无机配合施用，微量元素均衡施肥”的原则，不宜使用含氯离子复合肥。提倡应用芋专用高效有机复混肥，集成组装芋优质高效科学施肥技术体系，提高芋品质产量，增加芋的口感和风味。

1. 冬前培肥

芋田应进行土壤培肥和深耕冻垡，冬季前每亩施充分腐熟的有机肥1 500千克，利用中型拖拉机配套旋耕机深翻（耕深15厘米以上），使芋田土壤细碎疏松、上虚下实，地力肥沃。

2. 施足基种肥

每亩施45%硫酸钾复合肥30～50千克，根据田块实际情况可补施过磷酸钙和硼肥。可选用沃农丹、海藻精华等微肥进行拌种处理，以满足芋生长前期对中微量元素的需求。

3. 施发棵肥

根据芋发棵期长势，每亩株间穴施45%硫酸钾复合肥10～20千克；芋苗瘦弱田块每亩可增施10千克。

4. 施膨大肥

6月中下旬，在植株长有7～8片叶、株高60～70厘米时进行追肥，此时芋处于膨大初期，植株生长旺盛，需肥量较多。可结合壅土，于株间穴施肥，每亩施充分腐熟有机肥100～150千克、45%硫酸钾复合肥15～25千克；可采用水肥一体化设施，使用喷滴灌设施追施大量元素水溶肥2～3次。

5. 叶面补肥

芋膨大后期，每亩叶面喷施0.2%磷酸二氢钾液，或适宜的生物菌肥、多元微肥，以防叶片早衰。可采用喷灌设施。

（六）病虫害防治

重点防治芋疫病、茎干腐病、芋腐败病、病毒病等病害，以及斜纹夜蛾、蚜虫、叶螨（红蜘蛛）、蛴螬等害虫。采取防治措施合理搭配、药剂防控相互协同的综合防治策略。综合利用农业、物理、生物等防治措施，提倡使用脱毒种芋，播前种芋进行药剂处理，合理密植，采用有机、无机肥料相结合。田间管理方面则是雨后要及时排尽田间积水，病虫害要使用高效低毒低残留农药进行防控，并注意药剂的合理搭配和轮换使用。可参考选用代森锰锌、阿米西达（嘧菌酯）、氢氧化铜、阿维菌素、氟噻唑吡乙酮等保护性和治疗性药剂，严格遵守农药安全间隔期，杜绝超剂量用药。

1. 病害防治

以农业防治为主、药剂防治为辅。实行合理轮作，选择健康种芋，拌种消毒，田间及时排水等措施。未发病田块，应适时喷洒可杀得等氢氧化铜广谱保护性杀菌剂，田间湿度较大时，可喷洒70%可杀得1 000倍液进行预防；发病初期可用嘧菌酯、抑快净、增威赢绿等内吸治疗杀菌剂均匀喷施一次后，间隔1～2天再用可杀得均匀喷雾保护，阻断病害二次侵染。对于喷施了内吸杀菌剂后，未能及时喷保护性杀菌剂的田块，若病害已再次发生，应再喷内吸杀菌剂控制病害后，继续喷保护性杀菌剂进行保护。

2. 虫害防治

尽量选用高效、低毒、低残留的农药喷施，严禁使用剧毒、高残留农药。对于蚜虫等刺吸式害虫，可用50%吡蚜酮30克对水90毫升，加高性能展着剂15毫升喷洒叶片正反面防治；对于斜纹夜蛾等鳞翅目害虫，应及时摘除卵块和低龄幼虫虫窝，或在幼虫1～2龄期于傍晚用药防治效果最好，每亩可用0.5%甲维盐30～50毫升、除尽40～50毫升、安打10～15毫升，加水40～50千克均匀喷雾防治；对于蛴螬等地下害虫，可采取芋田夜间短期漫灌的方法防治，也可以根据虫害幼虫发生高峰期，用康宽2 000倍液茎叶喷雾防治。

（七）适时采收

一般在10月上中旬开始采收芋，霜降前收完。种芋田应在芋叶黄枯、芋充分成熟时，选择晴天采收。采收时割除地上部茎叶，然后整株挖起，避免芋破损。可采用双层抖土收获机或犁地式收获机采收，先去除茎叶，后用机械挖出芋，放在田间晾晒1～2天后，人工收获。

（八）留种保存

1. 集中保存

种芋较少时宜将芋堆放在室内，表面喷雾杀菌，晾干后用细沙或干沙土埋藏越冬；种芋较多时采用干燥贮藏窖保存，种堆顶部用细沙或干沙土覆盖，堆高不超过1米，堆垛间距30～50厘米，窖内温度控制在5～10 ℃。

2. 原地保存

也可采用原地越冬贮藏。将田间芋荷割除、清理干净后，在垄上覆盖10厘米左右厚的干草，再覆盖一层废旧薄膜或地膜，两侧压实防风避雨，最久可保存至翌年2月中旬。

第八章　芋地方特色品种栽培技术

芋在我国普遍种植，各地的栽培模式在品种、育苗方式、种植规格、培土、压青或施用有机肥的量、水分管理等方面都不尽相同、各具特色、各有优缺点。

一、山东莱阳芋头栽培技术

山东莱阳芋头栽培品种为孤芋、分芋和花芋，子芋的形状、大小及茎节上的鳞毛颜色等都有差异。

冬季前或早春每亩施4 000～5 000千克圈肥作基肥，深翻20～30厘米晒茬，播种前每亩沟施鸡粪1 000千克、草木灰50千克、磷肥100千克。

3月上中旬催芽，将种子排在苗床上，覆土2厘米左右，苗床温度保持在20 ℃为宜。待芽长4～5厘米可起苗定植。行距70～80厘米，株距30厘米。也可以采用覆盖地膜直播。

幼苗2～3片叶时，每亩追施稀人畜粪1 000千克作为提苗肥；5片叶时，施腐熟人粪尿1 500～2 000千克；7～8片叶时，结合大培土每亩施有机土杂肥2 000～3 000千克或高钾型复合肥20千克。

出苗前造足底墒，幼苗期要保持土壤见干见湿，发棵期和球茎膨大期要保持土壤湿润。雨季应注意及时排水防涝。

一般中耕培土2～3次，第一次在芋苗4～5片叶时，15～20天后再中耕培土一次，7～8片叶时结合追施膨大肥培成13～15厘米的小高垄，并把过密的小分株铲入土中。

霜降前后，叶片开始枯黄时收获。

二、江苏靖江香沙芋栽培技术

靖江香沙芋可以直接用种芋播种或育苗后定植，为提早上市时间，用种芋直播的，常与大棚、小拱棚套种，套种时间为12月下旬至翌年2月初，露地直播一般在3月中下旬，育苗播种时间为1月上中旬，定植时间为3月下旬，每亩种植3 500～4 000株。

香沙芋生育期较长，需肥量大，基肥要施足，一般在播种前结合耕翻整地，每亩施充分腐熟的农家肥3 000～4 000千克、复合肥25～30千克作基肥。

选择顶芽充实、无病虫斑、单个重25～40克的新鲜子芋作种，每亩用种120～125千克。为节约子芋，也可选用适口性差的母芋作种。母芋作种具有植株生长健壮、子芋多、产量高等特点。大的母芋可切块播种，或一切为二，或一切为四，切后用草木灰涂于伤口表面，可有效防止烂种。播种前先晒种2～3天，晒种时将干枯叶鞘剥除，以便种芋与土壤接触吸收水分，促进发芽。播种时将种芋芽眼斜向朝下呈45°左右角播种，再覆盖细土2～3厘米。

香沙芋苗期生长慢，需肥不多，一般在幼苗2～3片叶时，每亩追施稀人畜粪1 000千克进行提苗；5片叶时，芋苗已进入发棵期，植株生长旺盛，需肥量增加，应追施第二次肥，亩施腐熟人畜粪1 500千克、高氮复合肥15～20千克；当植株7～8片叶、地下球茎开始膨大时，结合大培土亩施有机土杂肥2 000～3 000千克，高氮复合肥30～40千克，油菜、小麦壳或鲜绿肥200～500千克，铺在小垄内培土。香沙芋发棵期和结芋膨大期要经常保持田间湿润，遇干旱天气要及时灌溉窨水。

中耕培土能抑制子芋、孙芋顶芽萌发和分蘖叶片抽生，使芋充分膨大，并促生大量不定根。一般中耕培土2～3次，第一次在芋苗4～5片叶时浅中耕一次，并适当向芋苗根部培土，15～20天后再浅中耕培土一次，当芋苗7～8片叶时结合追施结芋膨大肥培成 厚度为13～15厘米的小高垄，反季节栽培香沙芋一般在6月上旬进行，早熟栽培一般在7月上旬进行，露地栽培一般在7月下旬进行，培土时要把萌发抽生的边荷埋入土中，以减少养分消耗，利于子芋、孙芋膨大。

香沙芋病害主要有疫病和腐败病，多在高温高湿天气发生，在发病初期可用65%代森锌可湿性粉剂500～600倍液或75%百菌清可湿性粉剂600倍液喷雾防治。虫害主要有红蜘蛛、斜纹夜蛾及蛴螬等，可选用高效低毒农药防治。

三、江西铅山红芽芋栽培技术

红芽芋喜肥怕瘠、喜湿怕涝，应选择土层深厚、土质肥沃、有机质含量高、保水能力强、排灌方便、周围无污染、通风向阳、通气好的沙质土壤种植。红芽芋不宜连作，连作会造成土壤养分亏缺，特别是微量元素亏缺，且会导致病虫害严重、大幅度减产和品质下降，应与水稻进行1～2年轮作倒茬，有利于芋粮增产增收。

芋田应在11—12月施腐熟农家肥1 000千克深耕翻晒，一般深耕30厘米，撒石灰50千克/亩，四周开好边沟，地势平坦、面积较大的畈田开边沟宽40～50厘米、深50厘米，腰沟宽30～40厘米、深30～40厘米；小梯田开边沟宽30～40厘米、深30～40厘米，腰沟宽30～40厘米、深30～40厘米。翌年1月栽种前再耕耙第二遍，每亩施黄腐殖酸复合肥（氮、磷、钾总含量≥48%）25千克，地整平耙细后，按畦宽90厘米、沟宽30厘米、沟深30厘米开好沟，做到边沟、腰沟和畦沟“三沟”相通。

选择抗病性强、产量高、商品性好、顶芽充实粗壮完整的种芋，在日光下摊晒1天。下种前1天把种芋摊平用多菌灵喷雾消毒。

1月至2月上旬，晴天下种。采用三角形栽种，双行种植，株距35厘米、行距50厘米，每亩种植3 100～3 200株。下种时在打好穴的洞内摆放种芽，顶芽朝上。下种后盖细土，并施黄腐殖酸复合肥75千克/亩，喷施乙草胺50克/亩，覆盖厚度1.5丝（丝为非法定计量单位，1丝＝0.01毫米）的地膜。

3—4月种芋出苗后，每天10:00前及时破膜放苗，边破膜边压实芋苗周围薄膜。

出苗前保持土壤湿润，切勿积水。田间出苗后，遇上干旱少雨或高温天气时要及时灌跑马水，保持土壤适当的湿度，以利根系生长。盛夏高温季节正是红芽芋地下球茎膨大期，需水量大，应保持土壤湿润，雨季需及时排水防涝。收获前7～10天排干田间积水。

当红芽芋长到约50厘米时揭膜，减少地膜污染，并浅中耕培土，培土厚度一般在5～10厘米。

红芽芋病害主要是疫病和腐败病，可用58%甲霜·锰锌可湿性粉剂500倍液或69%烯酰·锰锌可湿性粉剂800倍液等喷雾防治，虫害主要是斜纹夜蛾和蚜虫，可用1.8%阿维菌素乳油2 000倍液或50%抗蚜威可湿性粉剂3 000倍液喷雾防治等。一般5—7月高温高湿季节，病虫害开始发生，注意雨前的预防和雨后的治疗。

根据市场行情适时采收，最早采收时间可提前至7月中旬。

四、福建福鼎槟榔芋栽培技术

槟榔芋属喜温耐热植物，适宜生长温度15～35 ℃，最适生长温度20～30 ℃。由于福鼎槟榔芋种芋在低温下具有顶芽基部先长根后长芽、温度高时先长芽后长根的特性，所以，当气温低于15 ℃时应先进行育苗，待气温稳定在15 ℃以上时移栽定植。

福鼎槟榔芋的根为肉质根，易断，无根毛，靠根尖吸收水分和养分，吸收力弱，不耐旱涝，故芋田土壤应选择耕作层在25厘米以上，pH为5.5～6.5，有机质含量高、排灌方便的沙壤土，忌连作，最好与水稻1～2年轮作一次，冬季时进行翻耕、晒白，增加土壤通透性。并于种植前利用晴后数日，整成畦沟宽2米左右的长畦，在畦中开沟，每亩施腐熟的猪牛栏肥4 000千克后覆土，然后在每畦左右两边挖定植穴深30～40厘米，株距80～90厘米，严防定植穴内有积水，必须做好芋田挖沟排水工作。

合理密植是提高和稳定槟榔芋产量的关键。实践证明，槟榔芋最适密度为每亩栽750～800株。

芋苗应选择芽头粗壮、雪白，根系发达、粗短完整，无病虫斑和菌丝，且带紫红色槟榔花纹的，去除多余芽头仅留一个主芽即可。然后按育苗方向，芽头向下倾斜30°，芽根贴近穴底，平展根系，并用草木灰或园土盖种。

槟榔芋全生育期的氮、磷、钾比例以1.0∶0.5∶0.9为宜；前期以氮为主，薄肥勤施；中期（结芋期）增施钾、磷肥，以钾为主，适量氮肥；后期控制氮肥，酌施磷、钾肥。具体施肥方法：在发棵期勤施追肥，一般每隔10天，以腐熟的人畜粪尿为主，配施0.5%左右尿素或复合肥，从稀到浓；结芋膨大期采用穴施法，即在2株中间开小穴，施入高浓度复合肥25克加尿素15克覆土；1个月后在畦中开沟撒施硫酸钾、高浓度复合肥25克加尿素10～15克，覆土。

槟榔芋喜湿润怕干旱，表现为早期怕水、中期需水、后期排水。由于涝害容易造成肉质根变黑腐烂，且会造成母芋煮不烂、无香味、品质下降，收获后不耐贮藏的后果；如果干旱缺水，则会引起叶片早衰，影响光合作用，造成芋块干瘪、块小、变圆、品质差、产量低。科学管水办法是在发棵期严禁芋穴内积水，此时雨水偏多，应尽早开沟排水；结芋期是生长旺盛期又适值高温干旱，需水量大，不能缺水，采用日灌夜排的方法最佳；成熟期是槟榔芋品质好坏的决定期，水分管理尤为重要，应以湿润为主，湿度大的田块早排水，湿度小的田块迟排水。

培土是提高槟榔芋产量的重要措施，应将除草与培土相结合。第一次除草和培土时间在4月下旬杂草长至10～15厘米高时，穴内杂草用手拔除，畦面杂草用锄头削铲入穴内；第二次除草和培土时间在5月下旬左右，此时植株6～8片叶，长势旺盛，宜先将芋株用绳子捆紧，把芋畦与穴间的土壤培于芋株四周，形成单垄畦，最后解开绳子。

槟榔芋的病害有芋疫病、芋软腐病、芋白绢病、芋炭疽病和芋枯萎病；虫害主要有斜纹夜蛾、蚜虫、地蛆等。除了采用农业综合防治措施外，要在病虫为害的关键时期进行化学防治。根据病虫的发生规律，一般在定植后10天左右防治地下害虫，用50%辛硫磷油1 000倍液或20%灭多威乳油1 500倍液结合追肥浇根2～3次。

5—6月是芋疫病、芋白绢病、单线天蛾、蚜虫等病虫的发生期，可用25%甲霜灵可湿性粉剂800倍液、70%代森锰锌可湿性粉剂或70%甲基托布津可湿性粉剂1 000倍液等药剂，每隔10天左右喷施一次，连续喷药2～3次。7—8月是芋软腐病、芋疫病、芋白绢病、斜纹夜蛾等病虫的发生期，可用40%可杀得可湿性粉剂800倍液或65%代森锌可湿性粉剂600倍液加上50%辛硫磷乳油等杀虫剂混合，每隔10天左右喷施2～3次。9—10月发现芋田有腐烂芋株的情况时，要及时排水，并用以上药剂喷灌芋柄与周围土壤，发现枯萎芋株及时拔除深埋，病穴用生石灰消毒。

五、湖南江永、临武芋水植技术

芋水植模式是采用在整地前后、定植后在田间保持一定深度的水层的一种芋新型栽培模式，可减少病虫草害的发生，定植方式、种植密度、施肥、病虫草害防治等措施在传统种植模式上做出相应调整。

1. 江永栽培技术

江永香芋栽培特点：改干耕、干整、干栽为水耕、水整、插栽，改湿润灌溉为半沟水或大半沟水灌溉，改条状施肥、培土为点状施肥、泥浆覆盖。水耕水整：在整田时每亩撒施50～100千克石灰粉进行灭菌消毒。田块先放浅水，每亩撒施过磷酸钙50千克（轮作田块加施50～100千克石灰粉），耕翻、整平，把四周田埂筑好即可插栽，尽量做到当天整田当天插秧。一般4月上旬栽植最为适宜，最迟不应晚于5月上旬。

移栽前，在上一年种植芋的大田中选取150克以上、长有5片叶以上的健壮芋苗作种苗，保留上部2～3片叶，其余叶片从叶柄末端摘去，取苗后及时栽种。

插植时按行距1.1～1.2米、株距27～30厘米拉绳，芋苗插入泥面10厘米左右，插栽过浅，易造成苗倒漂浮，过深则不利于芋苗生长。每亩栽2 000株左右。

插栽后到开沟起垄前保持浅水活蔸，开沟起垄后整个生长期内保持半沟或大半沟水，收获前15～20天排干积水。

插栽10天后即可开行沟、起垄，要求插后20天内完成这项工作。开沟起垄时应有浅水，这样会便于操作，减小劳动强度。把行中间的泥土培向芋苗行的两边，沟宽30厘米、深20厘米左右，不要求把垄起得很高，只要开出一条沟便于农事操作即可，以后施肥培土还需要从沟里取泥土。

2. 临武栽培技术

开春后犁耕土地，亩施有机肥300千克、复合微生物肥50千克、三元复合肥50千克作基肥，然后用旋耕机旋耕并耙平，做到肥泥融合、泥烂如浆，保持浅水2～3厘米；或亩施有机肥300千克、复合微生物肥50千克、尿素25千克、过磷酸钙50～75千克、硫酸钾10千克。

利用上一年收获后留在芋田中的子芋作种，子芋出苗后挖选主芽发达、无病虫害、无腐烂、单苗重量75～150克的芋苗作种芋。插苗密度65厘米×40厘米，每亩保持2 500株左右。待田间浸泡1个月后落水晒田，泥土干燥易于操作时立即开沟起垄，每隔2行开1条沟，沟宽40厘米，泥土扶上两边芋行，垄高保持35～40厘米。

芋水植模式在整地前后灌深水能杀死土传病害菌源和地下害虫，如果能结合犁冬晒白和撒施石灰效果更好，在定植后灌水还能减少草害，并能够减少芋防治病虫草害的药剂和人工成本。

但定植后的开沟起垄劳动强度大，长期灌水对根系生长尤其是对前期生根影响大。

六、广西荔浦芋轻简化栽培技术

广西荔浦芋在上一年收获母芋时，把子芋一起收回，在阴凉干燥处贮藏。在移栽定植前20～30天催芽，催芽前对种芋进行表面消毒：可用50%多菌灵可湿性粉剂600倍液、70%甲基硫菌灵（甲基托布津）可湿性粉剂1 000倍液浸种30分钟或20%噻菌铜悬浮剂500倍液浸种1小时。将消毒后的种芋均匀摆放在事先准备好的苗床上，然后覆盖细沙，约3厘米厚，苗床淋透水后覆盖薄膜，以达到保温、保湿、促进萌发的效果。种芋露芽1～2厘米时即可用于大田移栽。整地前先将肥料一次性撒施，每亩施花生麸（堆沤发酵1个月以上）500千克、海藻氨基酸有机肥40千克、缓释长效复合肥（N–P–K为18–8–19）100千克、钙镁磷肥60千克、硫酸钾30千克、中微量元素肥（钙、镁、硫、铁、锰、硼、锌≥10%）40千克。然后用农用拖拉机或犁耙充分拌匀，精细碎土起畦。畦面宽100～120厘米，沟宽80～100厘米，畦高40～45厘米，单畦双行种植。亦可采用单畦单行种植，畦面宽50～60厘米，沟宽40～50厘米。

每亩种植2 000～2 200株。播种时，将种芋芋芽略向下倾斜30°左右，播种深度15～20厘米，株距30厘米。播种后覆盖银灰色地膜，当芋芽顶起地膜时，及时破膜开孔，开孔直径约15厘米，以利芋苗露出。

广西荔浦芋栽培模式的特点：

①将槟榔芋生长过程中所需的大量、中量及微量元素，有益菌种和有机肥，在整地前撒施到水田里，用农用拖拉机或犁耙充分拌匀，整个生育期不再追肥。

②采用高畦覆膜免培土技术，将种植畦高从常规的25～30厘米提高到40～45厘米，种芋播种深度从10～15厘米加深至15～20厘米，播种后覆盖地膜。全生长期免壅根培土，避免了培土对根系造成的伤害，槟榔芋的质量和产量与常规栽培没有明显差异，且每亩

减少培土、除草人工成本，显著降低了生产成本。

③不在茬地留种，上年冬季把种芋收回，当年定植前进行种芋消毒和催芽，切断了病虫害传播途径。高畦宽沟，畦面宽100～120厘米，沟宽80～100厘米，畦高40～45厘米，或畦面宽50～60厘米，沟宽40～50厘米。定植时芋种靠近沟边深种浅埋，较深、易排水，芽头斜向下30°，抑制叶芽萌发，促使根系萌发。

七、广东乐昌炮弹香芋栽培技术

选择主芽饱满、无病虫害、无霉烂、球径大于14厘米的当地槟榔芋为种芋。种植密度7 500～9 000株/公顷。利用上一年的子芋作种芋，上年收获时留适量子芋不挖收，直接在茬地育苗。

炮弹香芋适宜种植季节为3月下旬至4月上旬。对田块进行深耕、耙碎、耙平，开环田沟，沟深、宽皆为30厘米，环形沟应打破犁底层。做成宽150厘米、高30厘米、间距30厘米的畦。

播种方式为穴植，种芋移植时切下半部分，切口涂抹草木灰防腐。种下幼苗后覆土2～3厘米。

施肥以基肥为主，追肥为辅，平衡施肥。以有机肥料为主，无机肥料中氮、磷、钾合理配合，不偏施氮肥。所用化学或生物肥料应符合国家有关标准规定达到无害化卫生要求。在施基肥时每穴放入生石灰20～50克对土壤进行消毒。用腐熟的堆肥、沤肥、厩肥、粪肥37.5吨/公顷和硫酸钾750千克/公顷作基肥，一次性施入穴中，覆土2～3厘米。冬季准备有机肥，备好干草15吨/公顷、花生麸1 500千克/公顷，花生麸在淋施前剁碎加入畜尿堆沤1个月以上。

追肥、培土相结合，一般进行4次。第一次在4月下旬至5月上旬进行，施腐熟粪肥1 500～2 250千克/公顷，铺干草1～2厘米厚，再淋施适量腐熟粪水；第二次在5月下旬进行，施腐熟厩肥、堆肥7 500～9 000千克/公顷、复合肥150千克/公顷，铺干草2～3厘米厚，培土5～6厘米后淋花生麸水；第三次在6月中旬进行，施复合肥225千克/公顷，铺干草3～4厘米厚，2～3天草沉实后盖厩肥、堆肥3～4厘米厚，淋花生麸水后培土7～8厘米厚；第四次在7月上中旬进行，施复合肥300千克/公顷，铺干草3～4厘米厚，施厩肥、堆肥4～5厘米厚，淋花生麸水15吨/公顷，再培土25厘米厚。花生麸对水制成花生麸水，花生麸和水配比为1：40。施肥离植株15厘米左右。

苗期，从移栽至5月保持土壤湿润即可。6—9月灌水降温：6—9月为植株生长旺盛期，地下球茎膨大，需要大量水分，故不可缺水，视天气情况每隔2～3天灌水一次，灌透后及时排水，也可经常保持半沟水。

6—9月保留6～8片功能叶，10—11月保留4～6片功能叶。6—9月割子芋叶，抑制子芋生长过多，提高母芋产量，每株母芋留健壮的子芋3～4个。10—11月割去老叶，老叶消耗养分多于制造养分，又可能传播病害。及时清理病残叶。

病虫害防治方面以预防为主，综合防治。

①农业防治。种植前清除田间周围杂草，增施有机肥和钾肥，利用日光调温进行土壤消毒；芋种植后保持田间清洁，合理进行肥水管理。发现病株及时挖除，并集中销毁处理。为减少芋连作病害的发生，宜2～3年轮作。

②药剂防治。农药使用严格执行相关标准的规定。

11月至翌年1月底，球茎成熟即可采收。选择晴天进行，宜用铁锹将整株挖起，避免机械损伤。

第九章　芋主要病虫害及其防治

一、芋主要病害及其防治

（一）芋疫病

1. 病原菌

芋疫病为真菌性病害（最新分类系统归为假菌界），病原菌为低等真菌卵菌门芋疫霉（*Phytophthora colocasiae*）。病菌的营养体为发达无隔菌丝体，游动孢子囊梨形或长椭圆形，顶端有乳头状突起（图9-1）。病菌在15～35 ℃都能够生长，最适生长温度为27～30 ℃。

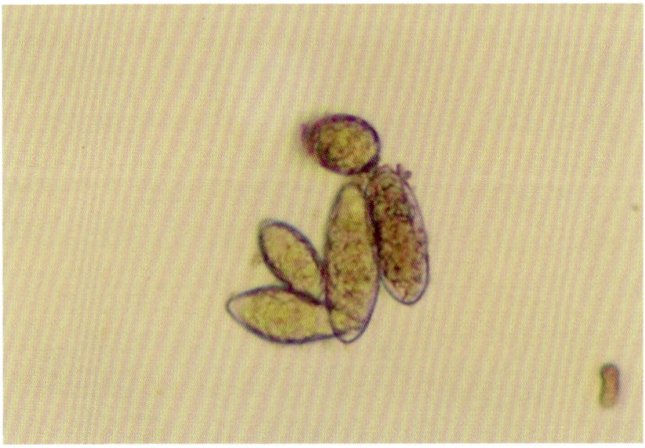

图9-1　芋疫霉菌游动孢子囊形态

2. 为害症状

芋疫病主要为害叶片，也为害叶柄和球茎（图9-2）。叶片初期病斑表现为圆形淡褐色小斑点，病健交界处不明显，一般先发生在上部和外部雨水能冲击到的部位，然后迅速扩大，扩张成深浅相间的同心轮纹斑，常有黄褐色液滴从病斑渗出。田间相对湿度大时，表面有稀薄的白色霉层。疫病一旦发生，在条件合适的情况下，蔓延十分迅速，发病严重时，许多病斑相连，病斑中央部分后期会腐烂穿孔，最严重时仅残留叶脉。田间湿度较大时，叶柄也会染病，表现为叶柄上出现大小不等的长椭圆形或不规则形黄褐色病斑，周围组织褪绿变黄，严重时可造成病部叶柄腐烂折倒。地下球茎染病，外部症状不明显，但内部组织变褐色甚至腐烂。

图9-2　芋疫病为害症状

3. 发生规律

病原菌主要以菌丝体在种芋球茎、病株体内或病残体上越冬，是翌年田间病害的初侵染来源；病菌也可形成厚垣孢子在土壤中越冬，但在温暖地区，并没有明显的越冬时期。初侵染的主要来源是带菌种芋，带菌种芋长成后即可成为发病中心，在环境条件适宜时引起植株发病，并产生大量游动孢子囊，借助气流、水流或风雨传播，从气孔、伤口或直接侵入，一般潜育期为3～5天。病斑表面能形成大量的游动孢子囊，孢子囊随气流传播进行多次再侵染，使病害不断扩展蔓延。

影响芋疫病发生流行的主要因素是温度、湿度和降水。高温多雨或忽晴忽雨都有利于疫病发生。病菌喜温暖、高湿的环境条件，雨日多、降水量大的年份病害发生重。多雨、露大、雾重、空气潮湿、温度偏高（24～28 ℃）的天气有利于该病的发生，暴雨大风后常暴发成灾。另外，在地势低洼、田间积水、种植过密、通风透光性差、偏施氮肥的情况下也易诱发疫病。

4. 防治方法

（1）种源控制

从无病田或轻病田选留种芋，严格选择无病子芋作种。选择母芋作种的，切口晾干与草木灰混匀后播种，减少初侵染来源。移栽前用20%氟吗啉可湿性粉剂1 000倍液、50%烯酰吗啉可湿性粉剂1 000倍液、10%氟噻唑吡乙酮可分散油悬浮剂1 000倍液浸种或喷淋处理。

（2）水旱轮作

对发病较重的地块进行水旱轮作（可与水稻、马蹄等轮作），实行2～3年轮作。轮作可明显减轻病害的发生。

（3）合理密植

种植密度不可过大，应适度密植，增加田间通风透光性，避免疫病发生流行。施足基肥，施用充分腐熟的有机肥，增施磷钾肥，后期避免偏施氮肥。及时铲除中心病株，并集中销毁。芋收获后要清洁田园，将残株落叶及杂草带出田外处理。

（4）化学防治

芋疫病预防施药很关键，应在发病前喷药，特别是在高温雨后应立即施药预防。喷药时注意茎、叶等各部位应喷洒均匀，雨天后要及时补喷。在广东，每年的5—8月是化学防治的关键期，需要根据田间病情的发展和天气情况连续施药多次。每隔7～10天施药一次，注意药剂轮换使用。化学防治选用687.5克/升氟菌・霜霉威悬浮剂、47%烯酰・唑嘧菌悬浮剂、30%氟吡菌胺・甲霜灵水分散粒剂、24%精甲霜灵・烯酰吗啉悬浮剂、80%烯酰吗啉水分散粒剂、250克/升嘧菌酯悬浮剂、23.4%双炔菌胺悬浮剂、10%氟噻唑吡乙酮可分散油悬浮剂、20%氟吗啉可湿性粉剂或500克/升氟啶胺悬浮剂等，按标签上推荐剂量喷施，一般稀释1 000～2 000倍液。

（二）芋软腐病

1. 病原菌

芋软腐病属细菌性病害，病原菌为胡萝卜果胶杆菌（*Pectobacterium carotovorum*）。该病菌寄主广泛，可引起多种作物软腐病。

2. 为害症状

芋软腐病主要为害叶柄基部和地下球茎（图9–3）。叶柄基部染病，初生水浸状、暗绿色、无明显边缘的病斑，扩展后叶柄内部组织变褐腐烂或叶片变黄而折倒。球茎染病逐渐腐烂。该病发生严重时病部迅速软化、腐败，终至全株枯萎以致倒伏，病部散发恶臭味。

图9–3 芋软腐病为害症状

3. 发生规律

芋软腐病属种传和土传病害，种子带菌率很高，病原菌主要在种子表面越冬，成为翌年病害发生的初侵染源，同时也借助带菌种子作远距离传播。如果田间发病，病原菌可以随病株体在土壤中长期存活越冬。该病多发于高温、多雨季节，当温度、湿度等条件适宜时，便开始侵染为害。病菌可从开口的气孔、皮孔、伤口处侵入，在细胞间隙进行繁殖发育，分解细胞，造成空穴。空穴中充满细菌，溢出后成为菌脓，菌脓随雨水、灌溉水、农事操作及地下害虫活动等在田间进行传播。施用未腐熟农家肥、种植过密、生长过旺、割子芋、施肥培土、造成球茎根须产生伤口，会增加病菌的侵染机会。地下害虫过多时，咬伤球茎，造成叶柄基部或地下球茎伤口多，有病菌来源时，遇高温高湿条件病害即可大流行。

4. 防治方法

（1）种子消毒

从无病田或轻病田中选留种芋，严格选择无病子芋作种。芋软腐病的种芋带病率很高，因此要做好种芋的消毒工作。选用80%乙蒜素乳油2 000倍液、0.15%四霉素水剂500倍液、50%氯溴异氰尿酸可溶粉剂1 000倍液、25%溴菌腈微乳剂1 000倍液或8%辛菌胺醋酸盐可溶液剂500倍液浸种0.5小时，可有效地杀灭种芋表面的病菌。

（2）合理轮作

芋软腐病为土传病害，病菌可随病残体在土壤中长期存活，因此要实行轮作，与水生作物（水稻、马蹄）轮作2～3年。轮作可明显减轻病害的发生。

（3）土壤消毒

使用生石灰对土壤进行消毒，每亩用量75～100千克，采用地膜覆盖栽培，提高土温，减少土壤中的病菌。

（4）加强田间管理

选择排水良好的田块，施用充分腐熟的有机肥，采用高畦种植，合理密植。禁止在雨天和雾水未干的天气进行农事操作，割子芋时要小心，勿伤母芋。施肥、除草尽量不伤根，尽量减少病菌从伤口侵入为害的可能。田间发现病株时，要及早拔除病株，连同病株附近的土壤一同铲除带出田外销毁，同时在病穴及其周围撒生石灰。

（5）及时防治地下害虫

地下害虫有金龟子、蝼蛄、地老虎等，主要表现为幼虫啃食母芋，使母芋表面形成伤口，易被病菌侵入。结合施重肥可选用茶麸、阿维菌素颗粒剂、辛硫磷颗粒剂或敌百虫颗粒剂等沟内撒施进行防治。

（6）化学防治

防治药剂可选择80%乙蒜素乳油1 000～2 000倍液、0.15%四霉素水剂1 000～2 000倍液、50%氯溴异氰尿酸可溶粉剂1 000～2 000倍液、25%溴菌腈微乳剂500～1 000倍液、84%王铜水分散粒剂500～700倍液、223克/升波尔多液悬浮剂300～500倍液或8%辛菌胺醋酸盐可溶液剂500～800倍液灌根或喷淋，施药时间在施肥培土后和割子芋后进行。

（三）芋炭疽病

1. 病原菌

芋炭疽病为真菌性病害，病原菌为半知菌亚门真菌辣椒刺盘孢（*Colletotrichum capsici*）（图9-4）。

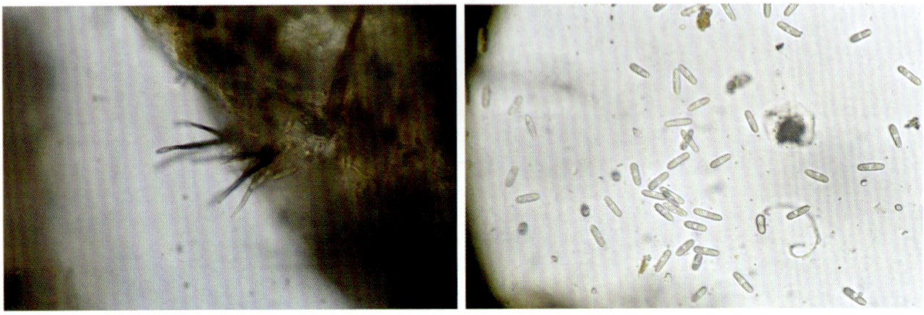

图9-4 芋炭疽病菌分生孢子形态

2. 为害症状

芋炭疽病主要为害叶片，该病常常与芋疫病混合发生，病害发生严重时也会侵染球茎和叶柄（图9-5）。叶片发病产生圆形至不规则形淡褐色至深褐色病斑，病斑四周常具有黄色晕圈，干燥时病斑易破裂穿孔。在发病中后期，病斑上产生黑色小点，多个病斑之间会相互连接形成不规则的大斑，导致叶片逐渐枯黄。

图9-5 芋炭疽病为害症状

3. 发病规律

病原菌主要以菌丝体潜伏在芋种球内，或以分生孢子附着于芋种球表面，或以拟菌核和分生孢子盘在病株残体上越冬，翌年产生分生孢子，借助风、雨及昆虫活动进行再侵染。田间高温、高湿环境有利于病害发生。高温高湿、田间积水过多、田间郁闭、长势衰弱、种植密度过大、氮肥过多的地块发病较重。

4. 防治方法

发病严重的地块可与水稻、马蹄水旱轮作2～3年。定植前深翻土地，重施优质、腐熟的有机肥，增施磷、钾肥，提高植株抗病能力。雨后及时排出田间积水，收获后及时清除田间病残体并集中带出。在发病初期，及时喷施250克/升嘧菌酯悬浮剂1 000～2 000倍液、430克/升戊唑醇悬浮剂1 000～2 000倍液、10%苯醚甲环唑水分散粒剂1 000～2 000倍液或250克/升吡唑醚菌酯乳油1 000～2 000倍液进行防治，视病情发展，每隔7～15天喷施一次，连续施2～4次，轮换用药。

（四）芋污斑病

1. 病原菌

芋污斑病为真菌性病害，病原菌为半知菌亚门真菌芋枝孢（*Cladosporium colocaiae*）。

2. 为害症状

芋污斑病主要为害叶片（图9-6）。发病初期先产生黄色小斑点，后扩展成圆形至不规则形的浅褐色至深褐色病斑，病斑周围界限不明显，似污渍状。发病严重时病斑布满整个叶片，导致叶片变黄干枯。

3. 发生规律

病原菌的分生孢子在病残体及种芋上越冬，翌年环境适宜时，作为初侵染源，借助气流在寄主间侵染传播。高温高湿、连续阴雨会导致发病严重。栽培密度大、田间通透性差、管理粗放、氮肥施用过多、植株徒长旺长、田间湿度大的地块易诱发该病。

图9-6　芋污斑病为害症状

4. 防治方法

合理密植，多雨季节栽培时适当稀植。合理配合施用氮、磷、钾肥，加强肥水管理，促进植株生长，雨后及时排出田间积水。收获后及时清除田间病残体并集中带出田外销毁。在发病初期，及时喷施250克/升嘧菌酯悬浮剂1 000～2 000倍液、430克/升戊唑醇悬浮剂1 000～2 000倍液、10%苯醚甲环唑水分散粒剂1 000～2 000倍液或250克/升吡唑醚菌酯乳油1 000～2 000倍液进行防治，视病情发展，每隔7～15天喷施一次，连续施2～4次，轮换用药。

（五）芋灰斑病

1. 病原菌

芋灰斑病为真菌性病害，病原菌为半知菌亚门真菌芋尾孢（*Cercospora caladii*）。

2. 为害症状

芋灰斑病主要为害叶片（图9-7）。发病初期叶片上形成圆形病斑，中间呈深灰色，四周呈褐色，病斑正反面均有病原菌的分生孢子梗和分生孢子形成的黑色霉层。叶片发病初期产生圆形至不规则形的淡褐色病斑，后扩展成中间灰白色边缘黄褐色至深褐色，发病严重时病斑易破裂穿孔。

图9–7　芋灰斑病为害症状

3. 发病规律

病原菌主要以菌丝体和分生孢子座在病残体上或随病残体在土壤中越冬，翌年条件适宜时以分生孢子侵染为害，借助风雨传播。高温多雨、种植密度大、田间郁闭、通透性差、雨后田间易积水的条件下发病较重。

4. 防治方法

多雨季节适当稀植，加强肥水管理，雨后及时排出田间积水，收获结束后及时清除田间病残体并集中带出田外销毁。在发病初期，及时喷施250克/升嘧菌酯悬浮剂1 000～2 000倍液、430克/升戊唑醇悬浮剂1 000～2 000倍液、10%苯醚甲环唑水分散粒剂1 000～2 000倍液或250克/升吡唑醚菌酯乳油1 000～2 000倍液进行防治，视病情发展，每隔7～15天喷施一次，连续施2～4次，轮换用药。

（六）芋细菌性斑点病

1. 病原菌

芋细菌性斑点病为细菌性病害，病原菌为丁香假单胞菌（*Pseudomonas syringae*）。

2. 为害症状

芋细菌性斑点病主要为害叶片。病原菌侵染叶片后，初期叶片上常出现水渍状近圆形的细小病斑，后病斑变成黄褐色或灰褐色，病斑中间部位常为灰白色，四周有黄色晕圈，发病部位易龟裂穿孔。叶片受侵染严重时会出现多个病斑相连。

3. 发病规律

病原菌通过附着于病残体上在土壤中或粘附在球茎表面越冬，可以在土壤中至少存活1年，通过雨水飞溅进行扩散传播。降水充足的年份发病严重。

4. 防治方法

多雨季节栽培时适当稀植，加强肥水管理，雨后及时排出田间积水，收获结束后及时清除田间病残体并集中带出田外销毁。在发病初期，及时喷施20%噻菌铜悬浮剂300～500倍液、80%乙蒜素乳油1 000～2 000倍液、0.15%四霉素水剂1 000～2 000倍液、50%氯溴异氰尿酸可溶粉剂1 000～2 000倍液、30%噻唑锌悬浮剂1 000～2 000倍液、84%王铜水分散粒剂500～1 000倍液、86%波尔多液水分散粒剂500～1 000倍液或77%氢氧化铜水分散粒剂500～1 000倍液进行防治，视病情发展，每隔7～15天喷施一次，连续施2～4次，轮换用药。

（七）芋白绢病

1. 病原菌

芋白绢病为真菌性病害，病原菌为半知菌亚门真菌齐整小核菌（*Sclerotium rolfsii*）。

2. 为害症状

芋白绢病主要为害球茎，也能为害叶柄（图9-8）。发病初期，仅叶柄与球茎连接处有白色丝状物体，病情加重后快速向周围扩散，导致发病部位软化并腐烂，同时向地下球茎部位进行蔓延，最终导致整个球茎腐烂。发病后期在病部形成黄褐色至茶褐色颗粒状小菌核。严重时植株成片黄化坏死。贮藏期携带病菌的球茎在条件适宜时发病，病部产生白色绢丝状物，并迅速向相邻球茎蔓延，随着病害加重，球茎软化腐烂。

图9-8　芋白绢病为害症状

3. 发病规律

病原菌主要是以菌核的形式附着于病残体上在土壤中越冬，同时菌核也可以附着在球茎上或在球茎内以菌丝体的形式越冬。翌年在合适的气候条件下，菌核萌发并产生菌丝从寄主根茎交界部位或根部侵染植株。田间气温20 ℃左右时病害开始发生。田间郁闭度大、与茄果类蔬菜连作的情况下，发病严重。

4. 防治方法

在发病严重的田块实行水旱轮作。种植地深翻土壤，每亩撒施石灰50～100千克，翻入土中。及时拔除病株，集中深埋或烧毁，并向病穴内撒施石灰粉。在发病初期，及时喷淋或灌根，药剂可选择240克/升噻呋酰胺悬浮剂1 000～2 000倍液、20%氟酰胺可湿性粉剂1 000～2 000倍液、50%咯菌腈可湿性粉剂3 000～5 000倍液或430克/升戊唑醇悬浮剂1 000～2 000倍液进行防治，视病情发展，每隔7～15天喷施一次，连续施2～4次，轮换用药。

二、芋主要虫害及其防治

（一）主要地下害虫种类

为害芋的地下害虫主要有蛴螬、蝼蛄等，通过咬伤地下球茎加重软腐病发生或造成伤口来降低芋球茎的商品价值，从而对芋球茎质量造成重大影响。

1. 蛴螬

蛴螬（*Holotrichia* sp.）是金龟子的幼虫，属鞘翅目金龟甲总科，是主要的地下害虫之一，主要以幼虫进行为害（图9-9）。蛴螬体肥大，体形弯曲，呈“C”形，多为白色，少数为黄白色。头部褐色，上颚显著，腹部肿胀。体较柔软，多皱褶，体表疏生细毛。头大而圆，多为黄褐色或红褐色，生有左右对称的刚毛。

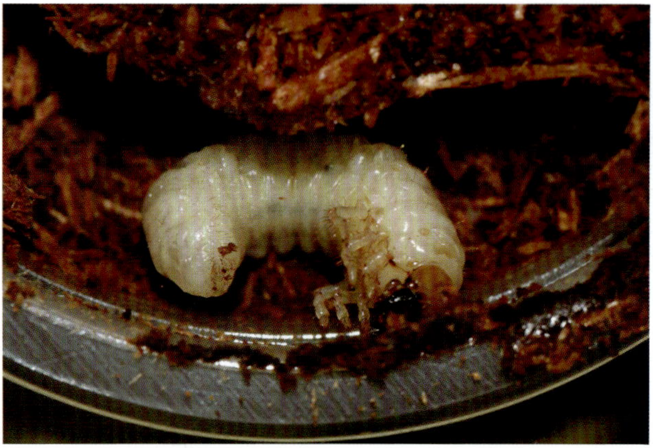

图9-9　蛴螬（赵明智 摄）

2. 蝼蛄

蝼蛄（*Gryllotalpa* sp.）属直翅目蝼蛄科（图9-10）。蝼蛄体狭长，头小，呈圆锥形，复眼小且突出，触角丝状，短于体长。前足特化为开掘足，胫节宽且有4齿，便于开掘，跗节基部有2个齿。内侧有1个裂缝，为听器。后足腿节不发达，非跳跃足。跗节式为3-3-3。前翅短，后翅长且纵。

图9–10　蝼蛄（董伟 摄）

3. 防治方法

（1）农业防治

①合理轮作和深翻土壤：实行2年以上水旱轮作。初冬深翻土壤，破坏地下害虫的越冬环境，冻死准备越冬的幼虫、蛹和成虫，减少越冬害虫的数量。

②充分腐熟有机肥料：用秸秆和牲畜粪堆沤的有机肥料容易吸引蛴螬、蝼蛄等地下害虫进入活动并产卵，如不充分腐熟，其中含有的大量虫卵将被带到土壤中造成害虫大发生。

③清洁田园：要经常清除田间、田埂、地边和水沟边等地的杂草和杂物，并远离、深埋或烧毁，以减少幼虫、成虫的生存繁殖场所，破坏它们的生存条件，减少幼虫和虫卵的数量。

④适时灌水：地下害虫为害的最佳土壤湿度为15%～20%，土壤含水量达35%～45%时停止为害，潜入深层土壤躲藏。

（2）物理防治

①黑光灯诱杀：用黑光灯诱杀成虫，能显著降低虫口密度。

②糖醋液诱杀：蝼蛄成虫对糖醋液有很强的趋性。糖醋液用白糖6份、醋3份、白酒1份、水10份、90%晶体敌百虫1份调匀制备，放在盆内即可诱杀。

（3）生物防治

利用白僵菌、绿僵菌及寄生性天敌昆虫对蛴螬和蝼蛄幼虫进行防治。

（4）化学防治

药剂可选用阿维菌素、辛硫磷、敌百虫、溴氰菊酯等，进行拌种、撒施或灌根。结合施重肥可选用茶麸50～100千克/亩、0.5%阿维菌素颗粒剂2 000～4 000克/亩或3%辛硫磷颗粒剂4 000～8 000克/亩等沟内撒施进行防治。

（二）斜纹夜蛾

1. 形态特征

斜纹夜蛾（*Spodoptera litura*）属鳞翅目夜蛾科，俗称夜盗虫、乌头虫等，是一种常见的农作物害虫。因成虫前翅中有一条灰白色宽阔的斜纹而得名（图9–11）。

图9–11 斜纹夜蛾卵块（左）和成虫（右）

2. 为害特点

斜纹夜蛾对芋叶片的为害较大，幼虫咬食芋的叶片，初龄幼虫仅取食叶片背部及其叶肉，最后致使叶面以透明状态呈现，3龄幼虫出现时为暴食期，主要以整个叶片为食，最后仅有主脉残留（图9–12）。斜纹夜蛾喜高温干旱气候，其发生规律与气候、栽培条件密切相关，为害盛期在6—9月。

图9–12 斜纹夜蛾为害症状（张金道 摄）

斜纹夜蛾具有群集性、隐蔽性、暴食性、假死性、杂食性、暴发性等特点。

①群集性：具体表现为产卵量大，初龄幼虫群集在一起，3龄后才明显扩散为害。

②隐蔽性：卵产在叶背上，不易被发现，直到孵化为害后，才见到为害症状，2龄后期开始吐丝分散为害，有昼伏夜出习性，有的白天潜伏在土缝、老叶、土块等背光处，夜间爬到植株上部取食，有时白天只见被害状和粪便，难见虫体。

③暴食性：低龄幼虫食量小，3龄后食量明显加大，4～6龄为暴食期，占整个幼虫期取食量的绝大部分，大量高龄幼虫可在几天内将整株叶片吃尽，造成严重损失。

④假死性：幼虫有假死性，且以3龄后最为突出，一受惊动，即假死落地。

⑤杂食性：幼虫不仅取食芋叶，还取食蔬菜、水稻、大豆等。

⑥暴发性：斜纹夜蛾发生世代多且易重叠，加上卵量大而集中，孵化后分散为害，初期不易察觉，可在短期内出现大量虫源，使对其防治措手不及。

3. 防治方法

（1）农业防治

①合理轮作和深翻土壤。对斜纹夜蛾发生为害严重的地块实行水旱轮作，杀死部分越冬蛹，减轻越冬虫源的为害。初冬深翻土壤，破坏地下害虫的越冬环境，压低越冬虫源。

②人工摘卵或捕捉老龄幼虫。产卵高峰期至初孵幼虫期，人工摘除卵块带出田外销毁，降低田间基数，减轻发生。对高龄幼虫密度较大的田块，人工捕捉，可快速降低田间虫口基数、减轻为害。

③清除田间杂草。收获后翻耕晒土或灌水，破坏或恶化其化蛹场所，减少虫源。

（2）物理防治

斜纹夜蛾成虫具有明显的趋光性和趋化性，可利用黑光灯、频振式杀虫灯、性诱剂、糖醋液（糖：醋：酒：水＝3：1：1：2，加少量敌百虫液）进行诱杀。诱杀成虫能明显降低田间的卵量和幼虫数量。

（3）生物防治

利用核型多角体病毒、天敌昆虫（赤眼蜂）、苏云金杆菌、微孢子虫、生防线虫等进行防治。

（4）化学防治

根据斜纹夜蛾幼虫消长动态及昼伏夜出的情况，在卵孵高峰期或2龄幼虫始盛期，当每亩有初孵群集幼虫2～3窝时，应进行田间挑治，施药在傍晚进行，直接喷至虫体和食料上，触杀、毒杀并举，以获得最佳防治效果。轮换用药。药剂可选1.8%阿维菌素乳油1 000～1 500倍液、5%甲氨基阿维菌素苯甲酸盐微乳剂2 000～3 000倍液、240克/升虫螨腈悬浮剂1 000～1 500倍液、50克/升虱螨脲乳油1 000～1 500倍液、10%溴氰虫酰胺悬乳剂2 500～5 000倍液、150克/升茚虫威悬浮剂3 000～4 000倍液或200克/升氯虫苯甲酰胺悬浮剂4 000～8 000倍液。每隔8天喷施一次，连喷2～3次。

（三）叶螨（红蜘蛛）

1. 形态特征

叶螨（*Tetranychus* spp.）属蛛形纲蜱螨亚纲真螨目叶螨科，芋上叶螨统称红蜘蛛（朱砂叶螨和截形叶螨），是芋常发性害虫（图9-13）。雌成螨体长0.41～0.50毫米，深红色至锈红色，椭圆形，足4对，须肢1对，具有发达的胫节毛。幼螨长0.15～0.20毫米，半球形，透明，浅黄色或黄绿色，眼红色，足3对，取食后体色变暗绿色。若螨椭圆形，有足4对，行动比幼螨更加活泼敏捷，体形及体色似成螨，但个体小。

图9-13　叶螨（张金道 摄）

2. 为害特点

田间叶螨种群的初始螨源主要来自周围的杂草寄主。叶螨最开始为害叶片背面主脉两侧，并逐渐遍布整个叶片（图9-14）。红蜘蛛数量多时，会在植物表面拉丝爬行，并借助风力进行传播，为害期在每年的5—8月。高温、干旱是叶螨大发生的适宜气候条件，低温对叶螨的发育不利。叶螨遇到连续阴雨天气或者暴风雨天气时，种群难以发展。

图9-14 叶螨为害症状（张金道 摄）

3. 防治方法

（1）农业防治

①清洁田园：要经常清除田间、田埂、地边和水沟边等地的杂草和杂物，并远离、深埋或烧毁，以消灭部分虫源。

②适时灌水：在天气干旱时，适时适量灌溉，增加田间湿度。

③培育壮株：施足基肥，合理追施氮、磷、钾肥，促进植株健壮，提高抗螨害能力。

（2）生物防治

叶螨产卵盛期释放巴氏钝绥螨有较好的控制效果。

（3）化学防治

加强螨情调查，在有螨株率为5%以上时，应立即进行施药防治。药剂可选用30%乙唑螨腈悬浮剂500～1 000倍液、5%阿维菌素乳油3 000～6 000倍液、99%矿物油乳油100～200倍液、100克/升联苯菊酯乳油1 500～2 000倍液、22.4%螺虫乙酯悬浮剂3 000～4 000倍液、34%螺螨酯悬浮剂4 000～6 000倍液或110克/升乙螨唑悬浮剂4 000～6 000倍液。注意药剂轮换使用，以延缓产生抗药性。药剂喷雾时注意对叶片的正反面进行均匀喷施。

（四）烟粉虱

1. 形态特征

烟粉虱（*Bemisia tabaci*）属同翅目粉虱科，俗称小白蛾，是一种寄主广泛、繁殖率高、暴发性强、为害性大的害虫。成虫体翅覆盖白粉，虫体淡黄色至白色，复眼红色，左右翅合呈脊状（图9–15）。卵有光泽，呈上尖下钝的长梨形，底部有小柄支撑于叶面，卵散产，初产时呈淡黄绿色，孵化前转至深褐色，但不变黑（图9–15）。若虫长椭圆形，淡绿色至黄白色。

图9–15　烟粉虱成虫（左）和卵及若虫（右）

2. 为害特点

烟粉虱通过刺吸的方式吸食植株汁液，导致被害植株叶片由绿变黄、萎蔫，生长停滞，并能传播病毒病，或通过分泌蜜露的方式诱发煤污病。烟粉虱喜无风温暖气候，有趋黄性。烟粉虱属高温性害虫，气温越高，发生的世代和虫量越多，移动、迁飞速度越快，食量增大，对芋为害越严重，为害期在5—8月。

3. 防治方法

（1）农业防治

①清洁田园：要经常清除田间、田埂、地边和水沟边等地的杂草和杂物，并远离深埋或烧毁，以消灭部分虫源。

②合理轮作：避免前茬大面积种植烟粉虱嗜好的作物（如番茄、茄子、甘蓝等）。

（2）物理防治

利用黄色粘虫板诱杀烟粉虱成虫。

（3）生物防治

利用丽蚜小蜂、瓢虫等天敌控制烟粉虱数量。

（4）化学防治

在烟粉虱开始发生时，可选用70%吡虫啉水分散粒剂5 000～10 000倍液、25%吡蚜酮悬浮剂2 000～3 000倍液、20%呋虫胺可溶粒剂1 000～2 000倍液、50%氟啶虫胺腈水分散粒剂3 000～5 000倍液、25克/升联苯菊酯乳油1 500～3 000倍液、22%螺虫乙酯悬浮剂2 000～2 500倍液或50%噻虫胺水分散粒剂5 000～10 000倍液。注意药剂轮换使用，每隔7～10天喷施一次。

三、病虫害综合防控技术

1. 合理轮作，避免连作

与水稻、马蹄等作物进行水旱轮作2～3年。

2. 选择无病种薯，重视种子消毒

从无病田或轻病田选留种芋，严格选择无病子芋作种芋。移栽前种芋需进行消毒处理（药剂组合：乙蒜素或四霉素+噻虫嗪）。

3. 土壤消毒和施药防治地下害虫

使用生石灰对土壤进行消毒，移栽前结合整地撒施辛硫磷颗粒剂、阿维菌素颗粒剂或茶麸等防治地下害虫。

4. 加强肥水管理促壮苗

施足基肥，施用充分腐熟的有机肥，增施磷钾肥，避免偏施氮肥。

5. 施药预防病害

根据天气预报和病害发展规律施药预防。施药组合可选：嘧菌酯＋氟噻唑吡乙酮、氟吗啉＋王铜、乙蒜素＋双炔菌胺、氟噻唑吡乙酮＋戊唑醇。注意在配药时应加入农药展着剂有机硅或矿物油，以增加粘附力，提高防效。芋软腐病发生较重的地块，在施肥

培土和割子芋后各施药一次，可选择乙蒜素、四霉素、氯溴异氰尿酸、王铜或溴菌腈灌根或喷淋。

6. 适时施药防虫害

根据虫情和害虫发生规律，适时施药防治。结合2次施重肥和培土可选用辛硫磷、阿维菌素、敌百虫颗粒剂，以及茶麸等防治地下害虫。

7. 加强田间管理，农事操作尽量减少伤根

及时将病株、病叶和杂草清除到田块外烧毁，同时在病穴及其周围撒生石灰。农事操作尽量避免造成伤口，割子芋时要小心，勿伤母芋，施肥、除草尽量不伤根，避免造成伤口，有利于病菌侵入为害。

第十章　芋贮运与加工

一、收　　获

在芋接近成熟时，要做好采收的准备工作。芋成熟后应及时收获，虽然延迟采收能增加产量，但可能会影响其品质。不同芋品种成熟期有一定的差异，一般当叶片变黄并逐渐萎缩时，则表示地下块茎即将成熟。此时，要控制土壤湿度，减少浇水量，并在采收前1周左右停止浇水，以便于采后贮藏。

无论是否覆膜栽培，都应当按固定株行距起垄种植，有利于提高芋的收获效率、减少损伤。芋成熟后，先将茎叶在基部约10厘米处割去，清理干净后，天气晴朗时即可采收。也可在采收当天清理茎叶，然后利用镢头或铁锨沿着垄的一侧顺势刨取，一次以刨出一株为宜，慢慢将整株的芋从土里全部挖起来，避免伤到块茎。刨出后，去掉泥土，除去伤芋、烂芋及病芋，晾晒1～2天后即可贮藏。若想留种，则选取个大健壮、无病害、体形均匀的芋，单个重在50克左右为宜。

二、贮　　藏

采收的芋，应根据数量多少、存放时间、气候特点等选择适当的贮藏方式，通常包括室外贮藏、埋藏、窖藏法等几种。芋贮藏的温度、湿度不宜过低或过高，低于5 ℃容易造成冻伤，高于25 ℃则会滋生霉菌、容易腐烂；湿度过低会风干脱水，而湿度过高则容易发芽。因此，保持较合适的温度、湿度，并辅以掩埋或遮盖保护，对减少损耗、延长芋贮藏时间尤其重要。

①室外贮藏：少量芋短时间贮藏，可选择在室外较干燥处或者较温暖的室内暂存。在主产区，大量芋上市后，一般需在1～2个

月内销售完毕，此时可采用较温暖、通风的室内存放；若要延长存放时间，则一般采用埋藏和窖藏。通过埋藏或窖藏，保持温度10～15 ℃、相对湿度85%～90%且通风良好，可存放5～6个月。

②埋藏法：首先需在地势较高、远离水源浸湿的室内或室外，根据芋数量多少，挖一条贮藏沟，沟深约50厘米；然后，在沟底先铺一层5～10厘米厚的湿沙；最后，将芋放于贮藏沟内，与湿沙土层堆积贮藏。不同地区，应根据气温变化分多次覆土，以保温防冻。此外，贮藏过程中，要注意防止雨水渗漏导致沟内积水；若出现渗漏积水，必须立即采取措施，或将芋转移到安全的地方，否则会造成腐烂。

③窖藏法：首先需要选择地势较高、排水良好、避风向阳的地方挖窖。根据芋数量规划窖的体积，一般窖长2～3米、宽1～1.5米、深1米左右，每窖可储芋1 500～2 000千克。入窖前，先在挖好的窖内用稻草烧一次，或撒硫黄粉消毒；入窖时，窖底和四周用干燥的麦秆或稻草垫好，随后将芋放入窖内，堆高30厘米左右，顶上呈弧形，上面盖一层10厘米左右厚的麦秆或稻草，随后盖土，盖土厚约50厘米，并拍打紧实。贮藏期间，通过人为增加覆土厚度及含水量的方法，使窖内保持温度10～15 ℃、相对湿度85%左右，同时在窖的四周挖好排水沟，做到四周无积水。

此外，采用γ射线、电子束等高能射线对食品进行辐照处理，可以达到杀虫杀菌、抑制生理过程、提高食品卫生质量和延长货架期的目的。近年来，该项技术已在洋葱、土豆、大蒜等产品贮藏上得到成功应用。可以预见，利用辐照处理延长芋贮藏和货架期，有望在今后得到发展应用。

三、运　输

芋主产区在南方，供应北方市场，运输起到重要作用，其中火车和汽车为主要运输工具。在运输过程中，尤其是长距离运输，要采取必要的措施，使芋处于适宜的温度和湿度条件下，防止冻坏、腐烂或发芽。从主产地到批发市场的大批量运输，应以筐、箱或袋作包装，以方便装卸，并做好应对恶劣天气的防护措施。对于小量包装或者外销芋，如果需要不带泥包装，则要在清洗之后对芋进行消毒，再进行包装和运输。一般是洗净之后，放入消毒液中浸泡一定时间，然后捞起晾干或吹干，再逐个用纸包好平放入纸箱，相互挨紧。需要注意的是，芋运输过程中应避免与其他耐低温的果菜同仓共运。

四、特色加工

芋既可以作为蔬菜和粮食食用，也可以作为观赏植物。芋营养丰富，含有水溶性多糖、淀粉、蛋白质、维生素C、维生素B族、胡萝卜素、钾、钙、锌等营养成分。芋头所含矿物质中氟元素的含量较高，具有保护、洁净牙齿及防止龋齿的作用。芋中含有多种微量元素，有助于改善机体由于缺乏微量元素导致的生理异常。芋中淀粉是天然高分子聚合物，经过处理改性后，可在食品、造纸和纺织工业等领域广泛应用。芋含有一种黏液蛋白，被人体吸收后能产生抗体球蛋白，即免疫球蛋白，进而提高人体的抵抗力。芋含有丰富的黏多糖，可增强机体免疫力。现代药理分析表明，芋还具有降血压、降血脂等作用，对于预防心脑血管病有益。

传统芋头主要用于烹调各种美味佳肴，通过对目前芋头深加工产品的研究，发现其主要创新产品包括以下几类。

（一）固体或半固体产品

近年来，在芋头深加工领域主要为固体产品，研发了包括速冻、干制、油炸焙烤、糖渍发酵等多种产品，种类丰富多样，营养价值高，有利于提高芋头的利用率。如速冻芋丸、芋头粉丝、芋头馒头、芋头酥片、芋头脆片、芋头脯、芋头酱等。

（二）液体产品

通过高温酶解等方法克服芋头糖化、水解过程中的困难，制成芋头饮料和各类发酵产品。如芋头清汁饮料、芋头酒、香芋酸奶、芋头醋等。

芋头皮渣中含有的成分会对人的皮肤造成刺激，接触会导致皮肤瘙痒，所以在加工过程中常被作为下脚料进行废弃处理，但其所含有的生物碱是一种有效的生物活性物质。

现介绍几种常见的加工方法。

①速冻芋仔。选择个大、无病虫害、无斑点的子芋，用不锈钢刀削去表皮，切去其细头根部，将保留下来的头部修整成圆形或六面球形的芋仔，用清水冲洗清除皮及根部。将洗净后的芋仔倒入0.1%～0.2%亚硫酸溶液中漂洗，再用清水冲净残留的亚硫酸，剔除表面有污瑕斑点的芋仔，使漂洗处理后的芋仔洁白无瑕。于-40 ℃左右的低温下速冻，装袋即成成品。速冻后的芋仔洁白晶莹，易于运输。食用时可与蔬菜和肉类同烧，或煮烂蘸糖食用，其口感、风味不变。该产品在日本十分受欢迎。

②芋头脯。选择个大、无瑕疵的子芋，洗净去皮，用不锈钢刀顺丝切成2毫米的片，投入流水中清洗。再放入含有维生素C和NaCl的水中浸泡30分钟，然后用清水冲洗残留的维生素C、NaCl，捞出沥干后在沸水中漂烫至九成熟，捞出水洗去黏质、沥干。锅内盛放55%～65%糖水浸渍液，热至微沸，投入芋片，微火浸煮，直至芋片晶莹洁白透明。出锅，连同糖液捞入缸中浸泡1小时，捞出沥干，摆于竹屉上，在50～60 ℃的烘烤箱中烘干即成。成品色泽洁白，晶莹剔透，不发黏，不返糖，不结晶，食之香甜可口，富有特殊的芋香味。

③芋头粉。选高球形、单重600克以上的新鲜芋头，切去其根部粗糙部分后切块，再用0.1%焦亚硫酸钠和0.1%柠檬酸浸泡护色。然后在80 ℃热水中漂烫1分钟，捞起后再放入护色液中浸泡，待料温降至常温后用水漂洗，洗去残留的护色液。将芋头粉碎成4～6毫米的颗粒，送入磨浆机中磨浆。用100目筛分离芋头中的粗纤维，部分浆渣视情况可回到磨浆机中再加工。经分离的芋头浆进入高压均质机内均质，压力20～30兆帕。再喷雾干燥，进风温度

140～180 ℃，出风温度80～100 ℃，雾化器转速1.5万～3万转/分钟，最后收集芋头粉热封包装。

④芋头淀粉。清洗芋头球茎，削皮后切成薄片，清洗一遍后浸入0.03摩尔/升的氨水中2分钟，在有稀氨水溶液或足够的水覆盖的情况下用植物组织捣碎机在较低的速度下匀浆，此浆在0.03摩尔/升的氨水溶液中浸泡2小时。再分别用80目和260目的筛子过滤，滤液沉降48小时。除去上层及底部残渣，水洗淀粉数次，在40 ℃干燥48小时，即得芋头淀粉。

⑤芋头冰霜。选用糯性芋头品种的子芋，洗净泥沙和毛须后，去掉表皮和芽眼，浸泡在清水中。切成宽3～5毫米的片后，立即浸泡在10%的白糖溶液中。根据配方需加足水（10%糖水），在夹层锅或高压锅中蒸煮（压力0.1兆帕、120 ℃、20分钟）。蒸好后趁热打浆，根据配方需要补足白糖，加入事先配制好的稳定剂，混合均匀后杀菌，80 ℃杀菌10～15分钟。杀菌后迅速冷却至4 ℃，并保持此温度达一定时间。–24 ℃速冻30分钟，剧烈搅拌，以形成大量细小的冰霜。再置于–18 ℃以下低温冷冻一定时间，充分冷透，但不凝结，即可食用。产品需在–18 ℃环境下冷藏。

第十一章　芋种植产地环境与安全生产

一、危 害 因 素

进入21世纪以来，随着我国社会经济的稳步快速发展，人们的生活质量日益提高，对现代农业的发展也提出了更高的要求。在日益强调食品安全的今天，确保农产品的安全生产成为至关重要的大事。这不仅直接关系人们的生命健康，还影响到社会的稳定发展和经济的持续繁荣。农产品从田间到餐桌是一个有机的、连续的过程，因此，必须加强农产品整个生产过程的管理，建立农产品质量安全保障体系。

芋在开放的自然条件下生长，过程漫长，影响因子众多，生长过程控制难，其质量和安全受众多因素的影响。随着我国蔬菜种植规模的不断扩大，种植品种增加，以及北方保护地蔬菜面积增加，这为病虫害的发生提供了丰富的寄主和良好的越冬生存条件，因此，蔬菜病虫害发生也越来越严重。芋种植过程中面临两大污染源：一是用于防治病虫害的农药喷洒残留，二是生长过程中在水、土、气等生产环境中被动吸附的重金属等环境污染物。

作为农业生产中预防病虫草害的重要手段，农药和农用化学品在提高作物和粮食产量、保证世界粮食安全、实现零饥饿目标中发挥了重要作用。芋在种植过程中为了保证其产量和外观，种植者会使用农药来控制病虫害。

芋种植过程中出现的农药残留、重金属超标，可通过摸排产地环境背景和生产过程控制等手段达到有效预防。并采取科学的措施和方法尽可能在生产中减少残留，以最大程度防范风险和减少危害。

二、产地环境因子安全分析

（一）芋种植产地环境要求

现行《土壤环境质量标准》（GB/T 15618—2018）在我国土壤环境保护和管理中具有重要基础性作用，用于保护农用地土壤环境，管控农用地土壤污染风险，保障农产品质量安全、农作物正常生长和土壤生态环境。芋种植前，须对其种植土壤进行排查，确定种植环境的安全性。

《土壤环境质量标准》规定了农用地土壤污染风险筛选值和管制值，以及监测、实施与监督要求。规定了农用地土壤中镉、汞、砷、铅、铬、铜、镍、锌等基本项目，以及六六六、滴滴涕、苯并［a］芘等其他项目的风险筛选值（是指农用地土壤中污染物含量等于或者低于该值的，对农产品质量安全、农作物生长或土壤生态环境的风险低，一般情况下可以忽略；超过该值的，对农产品质量安全、农作物生长或土壤生态环境可能存在风险，应当加强土壤环境监测和农产品协同监测，原则上应当采取安全利用措施），规定了农用地土壤中镉、汞、砷、铅、铬的风险管制值（指农用地土壤中污染物含量超过该值的，食用农产品不符合质量安全标准等农用地土壤污染风险高，原则上应当采取严格管控措施），详见表11-1和表11-2。

表11-1　农用地土壤污染风险筛选值（基本项目）

序号	污染物项目	风险筛选值/（毫克·千克$^{-1}$）			
		pH≤5.5	5.5<pH≤6.5	6.5<pH≤7.5	pH>7.5
1	镉	0.3	0.3	0.3	0.6
2	汞	1.3	1.8	2.4	3.4
3	砷	40	40	30	25
4	铅	70	90	120	170
5	铬	150	150	200	250
6	铜	50	50	100	100
7	镍	60	70	100	190
8	锌	200	200	250	300

注：重金属和类金属砷均按元素总量计。

表11-2　农用地土壤污染风险筛选值（其他项目）

序号	污染物项目	风险筛选值/（毫克·千克$^{-1}$）
1	六六六总量①	0.1
2	滴滴涕总量②	0.1
3	苯并［a］芘	0.55

注：①六六六总量为α-六六六、β-六六六、γ-六六六、δ-六六六4种异构体的含量总和；②滴滴涕总量为p, p'-滴滴伊、p, p'-滴滴滴、o, p'-滴滴涕、p, p'-滴滴涕4种衍生物的含量总和。

当土壤中污染物含量等于或者低于表11-1和表11-2规定的风险筛选值时，农用地土壤污染风险低，一般情况下可以忽略；当土壤中污染物含量高于表11-1和表11-2规定的风险筛选值时，可能存在农用地土壤污染风险，应加强土壤环境监测和农产品协同监测。

当土壤中镉、汞、砷、铅、铬的含量高于表11-1规定的风险筛选值、等于或低于表11-3规定的风险管制值时，可能存在食用农产品不符合质量安全标准等土壤污染风险，原则上应当采取农艺调控、替代种植等安全利用措施。

表11-3　农用地土壤污染风险管制值

序号	污染物项目	风险筛选值/（毫克·千克$^{-1}$）			
		pH≤5.5	5.5<pH≤6.5	6.5<pH≤7.5	pH>7.5
1	镉	1.5	2	3	4
2	汞	2	2.5	4	6
3	砷	200	150	120	100
4	铅	400	500	700	1 000
5	铬	800	850	1 000	1 300

当土壤中镉、汞、砷、铅、铬的含量高于表11-3规定的风险管制值时，食用农产品不符合质量安全标准等农用地土壤污染风险高，且难以通过安全利用措施来降低食用农产品不符合质量安全标准等农用地土壤污染风险，原则上应当采取禁止种植食用农产品、退耕还林等严格管控措施。

土壤环境质量类别划分应以本标准为基础，结合食用农产品协同监测结果，依据相关技术规定进行划定。

表11–3中的土壤污染物分析方法需遵循国家相关标准进行检测，详见表11–4。

表11–4　土壤污染物分析方法

序号	污染物项目	分析方法	标准编号
1	镉	土壤质量 铅、镉的测定 石墨炉原子吸收分光光度法	GB/T 17141—1997
2	汞	土壤和沉积物 汞、砷、硒、铋、锑的测定 微波消解/原子荧光法	HJ 680—2013
		土壤质量 总汞、总砷、总铅的测定 原子荧光法 第1部分：土壤中总汞的测定	GB/T 22105.1—2018
		土壤质量 总汞的测定 冷原子吸收分光光度法	GB/T 17136—1997
		土壤和沉积物 总汞的测定 催化热解–冷原子吸收分光光度法	HJ 923—2017
3	砷	土壤和沉积物 12种金属元素的测定 王水提取–电感耦合等离子体质谱法	HJ 803—2016
		土壤和沉积物 汞、砷、硒、铋、锑的测定 微波消解/原子荧光法	HJ 680—2013
		土壤质量 总汞、总砷、总铅的测定 原子荧光法 第2部分：土壤中总砷的测定	GB/T 22105.2—2018
4	铅	土壤质量 铅、镉的测定 石墨炉原子吸收分光光度法	GB/T 17141—1997
		土壤和沉积物 无机元素的测定 波长色散X射线荧光光谱法	HJ 780—2015
5	铬	土壤 总铬的测定 火焰原子吸收分光光度法	HJ 491—2009
		土壤和沉积物 无机元素的测定 波长色散X射线荧光光谱法	HJ 780—2015
6	铜	土壤质量 铜、锌的测定 火焰原子吸收分光光度法	GB/T 17138—1997
		土壤和沉积物 无机元素的测定 波长色散X射线荧光光谱法	HJ 780—2015
7	镍	土壤质量 镍的测定 火焰原子吸收分光光度法	GB/T 17139—1997
		土壤和沉积物 无机元素的测定 波长色散X射线荧光光谱法	HJ 780—2015

续表

序号	污染物项目	分析方法	标准编号
8	锌	土壤质量 铜、锌的测定 火焰原子吸收分光光度法	GB/T 17138—1997
		土壤和沉积物 无机元素的测定 波长色散X射线荧光光谱法	HJ 780—2015
9	六六六总量	土壤和沉积物 有机氯农药的测定 气相色谱-质谱法	HJ 835—2017
		土壤和沉积物 有机氯农药的测定 气相色谱法	HJ 921—2017
		土壤质量 六六六和滴滴涕的测定 气相色谱法	GB/T 14550—93
10	滴滴涕总量	土壤和沉积物 有机氯农药的测定 气相色谱-质谱法	HJ 835—2017
		土壤和沉积物 有机氯农药的测定 气相色谱法	HJ 921—2017
		土壤质量 六六六和滴滴涕的测定 气相色谱法	GB/T 14550—93
11	苯并[a]芘	土壤和沉积物 多环芳烃的测定 气相色谱-质谱法	HJ 805—2016
		土壤和沉积物 多环芳烃的测定 高效液相色谱法	HJ 784—2016
		土壤和沉积物 半挥发性有机物的测定 气相色谱-质谱法	HJ 834—2017
12	pH	土壤 pH值的测定 电位法	HJ 962—2018

（二）芋种植产品重金属检测

根据《食品安全法》及其实施条例有关规定，国家卫生健康委员会和国市市场监督管理总局组织发布的《食品安全国家标准 食品中污染物限量》（GB 2762—2022）。该标准以保障公众健康为基础，重点对我国居民健康构成较大风险的食品污染物和居民膳食暴露量有较大影响的食品种类设置限量规定，突出安全性要求，使食品中各种污染物的含量达到最低水平，以风险评估为依据，科学合理设置污染物指标及限量，在最大程度上维护消费者健康利益。

芋在生产种植过程中会由环境污染带入的或非有意加入的重金属污染，造成芋头累积对人体有危害的重金属元素。因此，为保障芋的食用安全，需对其进行食品中重金属含量的监测，其检测指标参照《食品安全国家标准 食品中污染物限量》规定，详见表11-5。

表11-5　芋头监测污染物指标

项目	限量/（毫克·千克$^{-1}$）	检测方法
铅	0.1	GB 5009.12—2017
镉	0.1	GB 5009.15—2014
汞	0.01	GB 5009.17—2014
砷	0.5	GB 5009.11—2014
铬	0.5	GB 5009.123—2023

（三）产地环境修复技术

1. 土壤投入品的质量要求

受污染耕地安全利用措施使用的有机肥、土壤调理剂等投入品中镉、汞、砷、铅、铬5种重金属含量，不能超过《土壤环境质量 农用地土壤污染风险管控标准（试行）》（GB/T 15618—2018）规定的筛选值，或者治理区域耕地土壤中对应元素的含量。

2. 土壤调理剂的分类

土壤调理剂按性质可分为无机土壤调理剂和有机土壤调理剂（表11-6）。

表11-6　土壤调理剂按性质分类

分类	定义	类型	备注
无机土壤调理剂	不表明N、P、K和微量元素、不包含有机质，用于改善土壤理化性质的物质	钙、镁、硫土壤调理剂：包含石灰质材料、其他钙、镁、硫土壤调理剂 其他无机土壤调理剂	
有机土壤调理剂	来源于植物或/和动物，主要用于改进土壤的物理和生物性质的产品	有机土壤调理剂 合成有机土壤调理剂	养分通常小于2%，不能归类为肥料，若国家法律法规允许，产品养分含量可以标明

（1）施用方式

土壤调理剂的使用有2个要点：一是土壤调理剂一般与翻耕同时进行，将土壤调理剂均匀地撒施在土壤表面。也可利用拖拉机或旋耕机等农机具，通过加挂漏斗的方式进行机械化施用。如有特殊需要，则严格按产品使用说明书施用；二是叶面阻隔剂按产品使用说明书喷洒施用。

（2）施用计量

对于每季或一年施用一次的土壤调理剂，最大剂量按调理剂类别限定如下：

①无机土壤调理剂，单季最大用量≤200千克/亩；全年最大用量≤300千克/亩。

②有机土壤调理剂，单季最大用量≤300千克/亩；全年最大用量≤500千克/亩（人工合成有机土壤调理剂最大剂量执行无机土壤调理剂标准）。

对于一次施用后连续3季或以上不施加的土壤调理剂，按调理剂类别的最大剂量限定如下：

①无机土壤调理剂，单次最大用量≤500千克/亩。

②有机土壤调理剂，单次最大用量≤800千克/亩（人工合成有机土壤调理剂最大剂量执行无机土壤调理剂标准）。

叶面阻隔剂在水稻一个生长周期内最多不能超过3次，每次施用剂量以不烧苗为准。

三、农药使用安全分析

（一）农药使用原则

芋种植田地由于多年连作等原因，会造成多种病虫害发生日趋严重，主要病害有芋疫病、芋炭疽病、芋污斑病、芋黑斑病、芋软腐病、芋细菌性斑点病，虫害有斜纹夜蛾、烟粉虱、蛴螬、蝼蛄等。药剂防治仍然是疫病防治的最重要手段，要在最佳防治时期用药，才能达到理想的防治效果。农药的选择主要考虑3个因素：

①要在施药前调查病虫草和其他有害生物的发生情况。对不能识别和不能确定的，应查阅相关资料或咨询相关专家，明确防治对象并获得指导性防治意见后，根据防治对象选择合适的农药品种。

②根据防治对象选择。在病虫草和其他有害生物单一发生时，应选择对防治对象专一性强的农药品种；混合发生时，应选择对防治对象有效的农药。在一个防治季节应选择不同作用机理的农药品种交替使用。

③根据农作物和生态环境安全要求选择。应选择对处理作物、周边作物和后茬作物安全的农药品种；应选择对天敌和其他有益生物安全的农药品种；应选择对生态环境安全的农药品种，农药剂型宜选用悬浮剂、微囊悬浮剂、水剂、水乳剂、颗粒剂、水分散粒剂和可溶性粒剂等环境友好型剂型；应根据有害生物的发生特点、为害程度和农药特性，在主要防治对象的防治适期，选择适当的施药方式；应按照农药产品标签或《农药合理使用准则（十）》（GB/T 8321.10—2018）和《农药贮运、销售和使用的防毒规程》（GB 12475—2006）的规定使用农药，控制施药剂量（或浓度）、施药次数和安全间隔期。

农药的选择和使用还应按照国家政策和有关法律法规。根据农业农村部《农药管理条例》第三十四条规定：

农药使用者应当严格按照农药的标签标注的使用范围、使用方法和剂量、使用技术要求和注意事项使用农药，不得扩大使用范围、加大用药剂量或改变使用方法。

农药使用者不得使用禁用的农药。

标签标注安全间隔期的农药，在农产品收获前应当按照安全间隔期的要求停止使用。

剧毒、高毒农药不得用于防治害虫，不得用于蔬菜、瓜果、茶叶、菌类、中草药材的生产，不得用于水生植物的病虫害防治。

根据农业农村部2022年发布的《农药管理条例》，禁止（停止）使用的农药有如下52种：六六六、滴滴涕、毒杀芬、二溴氯丙烷、杀虫脒、二溴乙烷、除草醚、艾氏剂、狄氏剂、汞制剂、砷类、铅类、敌枯双、氟乙酰胺、甘氟、毒鼠强、氟乙酸钠、毒鼠硅、甲胺磷、对硫磷、甲基对硫磷、久效磷、磷胺、苯线磷、地虫硫磷、甲基硫环磷、磷化钙、磷化镁、磷化锌、硫线磷、蝇毒磷、治螟磷、特丁硫磷、氯磺隆、胺苯磺隆、甲磺隆、福美胂、福美甲胂、三氯杀螨醇、林丹、硫丹、溴甲烷、氟虫胺、杀扑磷、百草枯、灭蚁灵、氯丹、2,4-滴丁酯、甲拌磷、甲基异柳磷、水胺硫磷、灭线磷。除此之外，有部分范围禁止使用的农药，其名称和禁止使用的范围详见表11-7。

表11-7　部分范围禁止使用的农药

通用名	禁止使用范围
氧乐果、灭多威、涕灭威	禁止在蔬菜、瓜果、茶叶、菌类、中草药材上使用，禁止用于防治卫生害虫，禁止用于水生植物的病虫害防治
克百威	禁止在蔬菜、瓜果、茶叶、菌类、中草药材、甘蔗上使用，禁止用于防治卫生害虫，禁止用于水生植物的病虫害防治
内吸磷、硫环磷、氯唑磷	禁止在蔬菜、瓜果、茶叶、中草药材上使用
乙酰甲胺磷、丁硫克百威、乐果	禁止在蔬菜、瓜果、茶叶、菌类和中草药材上使用
毒死蜱、三唑磷	禁止在蔬菜上使用
丁酰肼（比久）	禁止在花生上使用
氰戊菊酯	禁止在茶叶上使用
氟虫腈	禁止在所有农作物上使用（玉米等部分旱田种子包衣除外）
氟苯虫酰胺	禁止在水稻上使用

（二）登记农药

目前我国现有在芋上登记的农药和其安全使用间隔期详见表11-8。

表11-8　芋上登记使用的农药及其安全使用间隔期

序号	登记证号	农药名称	农药类别	总含量	有效期至	防治对象	用药量	施用方式	安全间隔期/天
1	PD20083198	阿维菌素	杀虫剂	1.8%	2028-12-10	斜纹夜蛾	45～50毫升/亩	喷雾	7
2	PD20086024	喹菌铜	杀菌剂	20%	2028-12-29	软腐病	300～500倍液	喷雾	14
3	PD20092773	甲霜·霜霉威	杀菌剂	25%	2029-03-03	晚疫病	150～180克/亩	喷雾	14
4	PD20102039	烯酰吗啉	杀菌剂	80%	2025-10-19	疫病	20～25克/亩	喷雾	28
5	PD20110274	噻森铜	杀菌剂	20%	2026-03-11	软腐病	300～500倍液	喷雾	14
6	PD20110950	烯酰吗啉	杀菌剂	80%	2026-09-08	疫病	20～25克/亩	喷雾	28
7	PD20111098	烯酰吗啉	杀菌剂	80%	2026-10-13	疫病	20～25克/亩	喷雾	无
8	PD20111388	烯酰吗啉	杀菌剂	80%	2026-12-21	疫病	20～25克/亩	喷雾	28
9	PD20211907	氟菌·霜霉威	杀菌剂	687.5克/升	2026-09-28	疫病	80～100毫升/亩	喷雾	45
10	PD20120373	氟菌·霜霉威	杀菌剂	687.5克/升	2027-02-24	疫病	75～100毫升/亩	喷雾	45
11	PD20120494	烯酰吗啉	杀菌剂	80%	2027-03-18	疫病	20～25克/亩	喷雾	28
12	PD20120691	甲氨基阿维菌素苯甲酸盐	杀虫剂	5%	2027-04-17	斜纹夜蛾	10～15克/亩	喷雾	14
13	PD20120956	嘧菌酯	杀菌剂	250克/升	2027-06-14	疫病	45～60毫升/亩	喷雾	45
14	PD20121249	烯酰吗啉	杀菌剂	80%	2027-09-03	疫病	20～25克/亩	喷雾	28
15	PD20122070	烯酰吗啉	杀菌剂	80%	2027-12-23	疫病	20～25克/亩	喷雾	28
16	PD20130365	短稳杆菌	杀虫剂	100亿孢子/毫升	2028-03-10	斜纹夜蛾	200～300毫升/亩	喷雾	无
17	PD20130589	嘧菌酯	杀菌剂	250克/升	2028-04-01	疫病	45～60毫升/亩	喷雾	45
18	PD20130626	甲氨基阿维菌素苯甲酸盐	杀虫剂	2%	2028-04-02	斜纹夜蛾	8～9毫升/亩	喷雾	14

续表

序号	登记证号	农药名称	农药类别	总含量	有效期至	防治对象	用药量	施用方式	安全间隔期/天
19	PD20131626	嘧菌酯	杀菌剂	250克/升	2028-07-29	疫病	45～60毫升/亩	喷雾	45
20	PD20131657	嘧菌酯	杀菌剂	250克/升	2028-07-31	疫病	45～60毫升/亩	喷雾	45
21	PD20131773	嘧菌酯	杀菌剂	25%	2028-09-05	疫病	45～60毫升/亩	喷雾	45
22	PD20131922	嘧菌酯	杀菌剂	25%	2028-09-24	疫病	45～60毫升/亩	喷雾	45
23	PD20140288	嘧菌酯	杀菌剂	250克/升	2029-02-11	疫病	45～60毫升/亩	喷雾	无
24	PD20140347	烯酰吗啉	杀菌剂	80%	2029-02-17	疫病	20～25克/亩	喷雾	28
25	PD20140384	甲氨基阿维菌素苯甲酸盐	杀虫剂	3%	2029-02-19	斜纹夜蛾	29～37毫升/亩	喷雾	30
26	PD20140397	嘧菌酯	杀菌剂	25%	2029-02-19	疫病	45～60毫升/亩	喷雾	45
27	PD20140550	苦参碱	杀虫剂	0.3%	2029-03-05	斜纹夜蛾	250～376毫升/亩	喷雾	无
28	PD20141900	嘧菌酯	杀菌剂	250克/升	2029-07-31	疫病	45～60毫升/亩	喷雾	45
29	PD20142241	霜脲·嘧菌酯	杀菌剂	60%	2029-09-27	疫病	45～60克/亩	喷雾	35
30	PD20142287	甲氨基阿维菌素苯甲酸盐	杀虫剂	5%	2029-11-01	斜纹夜蛾	20～25毫升/亩	喷雾	30
31	PD20142422	烯酰吗啉	杀菌剂	80%	2029-11-13	疫病	20～25克/亩	喷雾	28
32	PD20142630	精甲霜·锰锌	杀菌剂	68%	2029-12-14	疫病	80～120克/亩	喷雾	14
33	PD20151347	噻唑锌	杀菌剂	40%	2025-07-30	软腐病	600～800倍液	喷淋或喷雾	14
34	PD20151726	烯酰吗啉	杀菌剂	80%	2025-08-28	疫病	20～25克/亩	喷雾	28
35	PD20151052	嘧菌酯	杀菌剂	30%	2030-06-13	疫病	37.5～50毫升/亩	喷雾	45
36	PD20160309	嘧菌酯	杀菌剂	250克/升	2026-02-26	疫病	45～60毫升/亩	喷雾	45

续表

序号	登记证号	农药名称	农药类别	总含量	有效期至	防治对象	用药量	施用方式	安全间隔期/天
37	PD20161019	甲氨基阿维菌素苯甲酸盐	杀虫剂	3%	2026-08-30	斜纹夜蛾	29～37毫升/亩	喷雾	30
38	PD20161081	嘧菌酯	杀菌剂	50%	2026-08-30	疫病	22.5～30毫升/亩	喷雾	45
39	PD20170168	烯酰·唑嘧菌	杀菌剂	47%	2027-01-07	疫病	40～60毫升/亩	喷雾	21
40	PD20171061	烯酰吗啉	杀菌剂	80%	2027-05-30	疫病	20～25克/亩	喷雾	28
41	PD20172273	氟醚·烯酰	杀菌剂	40%	2027-10-17	疫病	35～40毫升/亩	喷雾	14
42	PD20180220	霜脲·氰霜唑	杀菌剂	70%	2028-01-14	疫病	14～22克/亩	喷雾	28
43	PD20182843	唑醚·噻唑锌	杀菌剂	50%	2028-07-23	疫病	800～1000倍液	喷雾	14
44	PD20190229	氟吡菌胺·甲霜灵	杀菌剂	30%	2029-12-25	疫病	40～60克/亩	喷雾	45
45	PD20200128	精甲霜灵·烯酰吗啉	杀菌剂	24%	2030-03-22	疫病	100～150毫升/亩	喷雾	14
46	PD20211363	四唑吡氨酯	杀菌剂	10%	2026-09-02	疫病	45～60毫升/亩	喷雾	45
47	PD20243284	精甲霜灵·烯酰吗啉	杀菌剂	24%	2029-11-25	疫病	100～125毫升/亩	喷雾	14

（三）芋种植生产过程中农药的使用要求

购买农药应到具有农药经营资格的经营点，购药后应索取购药凭证或发票。所购买的农药应具有符合要求的标签及农药包装。

在配制农药时，应当遵循安全的原则，量取过程中需注意安全操作。量取农药前，先准确核定施药面积，根据农药标签推荐的农药使用剂量或植保技术人员的推荐剂量，计算用药量和施药液量。在此基础上准确量取农药，量具专用。量取和称量农药应在避风处操作。所有称量器具在使用后都要清洗，冲洗后的废液应在远离居所、水源和作物的地点妥善处理。用于量取农药的器皿不得作其他用途。

在施药过程中，应根据防治对象的发生情况及环境条件，确定施药适期。防治病虫害应按“防治指标”进行施药。根据病虫害的发生规律，严格掌握最佳防治时机，做到适时用药。根据病虫草和其他有害生物发生程度和药剂本身性能，结合植保部门的病虫情报信息，确定是否施药和施药适期。不应在高温、雨天及风力大于3级时施药，应交替用药、轮换用药，防止防治对象产生抗药性。蔬菜生长前期以高效低毒的化学农药和生物农药混用或交替使用为主，生长后期以生物农药为主。中性农药之间可以混用，中性农药与酸性农药可以混用，酸性农药之间可混用而碱性农药不能与其他农药混用，微生物杀虫剂不能同杀菌剂及内吸性强的农药混用。

由于农药存在毒性，购买的农药不能一次性使用完，需存放一段时间之后再进行使用，因此农药的贮存和保管是一件关系安全的大事。农药的贮存和保管主要包含4个重点。

1. 保管人员的规范

农药的保管应该有专职的保管人员，保管人员应选择具有一定文化程度、身体健康、有经验的成年人担任，应经过专业培训，掌握农药基本知识和安全知识，持证上岗。

2. 保存库房的要求

专用库房要求与居民区、水源分开，并应设在不易积水或不易水淹的高地上，四周应有围墙并留有消防通道。库房应具备地面平整、不渗漏、结构完整、干燥、明亮、通风良好等条件；地面、天花板要采用耐化学腐蚀的材料，易清洗；不允许将窑洞、地下室、燃料库作为农药库房。专用库房应附设隔离生活用房。农药库房内应设置隔离工作间，配备消防器材（包括灭火器、水桶、锹、叉、沙袋等）和急救药箱（内装解毒药、高锰酸钾、脱脂棉、红汞水、碘酒、双氧水、绷带等物）。库房内不设暖气，当需升温满足贮存条件时，宜采用间接加热空气送入的方法。库房应有良好的通风设备。库房内应设置警告牌。

3. 农药的存放要求

存放的农药应有完整无损的内外包装和标签，包装破损或无标签的农药应及时处理。库房内农药堆放要合理，应远离电源，避免阳光直射，垛码稳固，并留出运送工具所必需的过道。不同种类的农药应分开存放。高毒、剧毒农药应存放在彼此隔离的、有出入口、可封闭的单间（或专箱）内，并保持通风，燃点低于61 ℃的易燃农药应与其他农药分开，并用难燃材料分隔。不同包装的农药应分类存放，垛码不宜过高，应配有防渗防潮垫。库房中不应存放对农药品质、农药包装有影响或对防火有障碍的物质，如硝酸、盐酸、盐酸等。存放农药应有专柜或专仓，且不应与食品、种子、饲料、日用品及其他易燃易爆物品混装、混放。

4. 库房管理要求

严格执行农药出入库登记制度。入库时应检查农药包装和标签，记录农药的品种、数量、生产日期或批号、保质期等；出库的农药包装标签应完整。在库房中进行农药的装卸、布置、检查等活动，应至少有2名工作人员参加。定期检查存放的农药是否符合《农药管理条例》的规定；定期维护库房内通风、照明、消防等设施和防护用具，使其处于良好状态；定期清扫农药库房，保持整洁。存放新的农药品种前应将库房清扫干净。存放过农药的库房一般可用石灰液或少量碱液处理后用水冲洗。高毒、剧毒农药应按剧毒品基本要求保管。

（四）芋种植农药使用限量

芋种植过程中因为无法避免使用农药，因此存在农药残留的情况。农药残留是农药使用后一个时期内没有被分解而残留于生物体、收获物、土壤、水体及大气中的微量农药原体、有毒代谢物、降解物和杂质的总称。大部分农药随着时间的推移可以自行降解，温度、雨水及风都可以加速农药的降解速度，但仍会有一小部分残留在果蔬中。

《食品安全国家标准　食品中农药最大残留限量标准》（GB 2763—2019）是目前我国统一规定食品中农药最大残留限量的强制性国家标准，芋的农药残留限量标准均以此标准为参考依据。

参考文献

闭志强，董伟清，唐军，等，2015．晚熟芋头新品种桂芋2号栽培技术［J］．长江蔬菜（22）：129–131．

常蕾，汪翔，2019．世界芋头产业发展现状综述［J］．现代农业科技（2）：57–59．

韩笑，张东旭，王磊，2018．芋头的营养成分及加工利用研究进展［J］．中国果菜，38（3）：9–13．

杭玲，罗瑞鸿，苏国秀，2002．荔浦芋组培后代性状观察［J］．广西农业科学（5）：235–236．

何贤广，2009．芋主要病虫种类及其无公害生产植保技术［J］．安徽农学通报，15（16）：156–157．

何耀明，2012．芋软腐病综合防治技术［J］．上海蔬菜（4）：60–61．

胡巧虎，马雅敏，丁新天，2015．缙云县芋头病虫害发生种类及绿色防控技术［J］．湖北植保（6）：33–35

黄金海，王全友，2016．芋头新品种“泰芋1号”高产栽培技术［J］．安徽农学通报，22（19）：55，72．

黄新芳，柯卫东，孙亚林，2016．优质芋头高产高效栽培［M］．北京：中国农业出版社．

李储学，于翠芳，辛友人，1997．高产优质芋头新品种鲁芋头1号的选育［J］．山东蔬菜（1）：12–13．

李莎，王敬涵，戴瑞，等，2019．芋头淀粉及其提取工艺的研究进展［J］．食品工程（3）：6–9．

刘独臣，2013．四川芋疫病发生规律及防治技术［J］．长江蔬菜（18）：118–119．

刘丽芳，魏林，梁志怀，2017．芋的主要病虫害及其综合防治方法［J］．长江蔬菜（18）：157–160．

蒙真铖，苏翠，岳建伟，等，2019．芋头栽培技术及组织培养研究进展［J］．热带农业科学，39（11）：67–71．

邱祖杨，2015．茎尖组织培养提高荔浦芋产量和品质的应用效果［J］．长江蔬菜，22（34）：97–99．

沈镝，李颖，蒋小满，等，2011．山东芋头生产和加工现状与存在的主要问题

［J］．长江蔬菜（16）：11–13.

宋承申，马建芳，毛跃进，2007．奉化芋艿头特征特性及优质高产栽培技术［J］．上海农业科技（2）：93.

王恒亮，等，2013．蔬菜病虫害诊治原色图鉴［M］．北京：中国农业科学技术出版社.

王洪敏，2020．浅析植物保护中农药应用技术与发展前景［J］．农业开发与装备（3）：124–125.

文强书，贺涛，2021．临武香芋优质高产高效种植关键技术［J］．长江蔬菜（4）：28–31.

余志平，林海红，余俊红，等，2016．铅山红芽芋产业发展概况［J］．长江蔬菜（20）：38–40.

张培通，焦庆清，殷剑美，2017．江苏省优质芋头产业发展策略之管见［J］．长江蔬菜（2）：30–32.

张永佳，2013．芋疫病的发生特点及综合防治技术［J］．上海蔬菜（2）：51–52.

张玉明，张培通，殷剑美，2015．江苏地方特色芋头品种资源发掘利用之管见［J］．中国种业（8）：17–19.

中国农业科学院植物保护研究所，2015．中国农作物病虫害（中册）［M］．3版．北京：中国农业出版社.

中华人民共和国国家卫生健康委员会，中华人民共和国农业农村部，国家市场监督管理总局，2019．食品安全国家标准食品中农药最大残留限量 GB 2763—2019［S］．北京：中国农业出版社.